张晴琳 ——

—— 著

日日减糖

重庆出版集团 重庆出版社

中文简体版通过成都天鸢文化传播有限公司代理，经采实文化事业股份有限公司授权北京乐律文化有限公司与重庆出版社出版中文简体字版本大陆独家出版发行，非经书面同意，不得以任何形式，任意重制转载。

版贸核渝字（2022）第 276 号

图书在版编目（CIP）数据

日日减糖 / 张晴琳著. -- 重庆：重庆出版社，2023.3
ISBN 978-7-229-17451-4

Ⅰ.①日… Ⅱ.①张… Ⅲ.①减肥—食谱 Ⅳ.①TS972.161

中国国家版本馆 CIP 数据核字（2023）第 013101 号

日日减糖

RIRI JIANTANG

张晴琳　著

出　品：华章同人
出版监制：徐宪江　秦　琥
特约策划：乐律文化
责任编辑：肖　雪
特约编辑：曹福双
营销编辑：史青苗　刘晓艳
责任印制：杨　宁　白　珂
封面设计：MM末末美书
　　　　　QQ:3218619296

重庆出版集团　出版
重庆出版社

（重庆市南岸区南滨路 162 号 1 幢）
三河市嘉科万达彩色印刷有限公司　印刷
重庆出版集团图书发行公司　发行
邮购电话：010-85869375
全国新华书店经销

开本：710mm×1000mm　1 / 16　印张：12.25　字数：120 千
2023 年 3 月第 1 版　2023 年 3 月第 1 次印刷
定价：58.00 元

如有印装质量问题，请致电023-61520678

开启减糖生活，你准备好了吗？

目录
Contents

Part 1

日日减糖 瘦身好观念

<table>
<tr><td>Part 6</td><td>Part 7</td></tr>
<tr><td>海鲜料理</td><td>减糖甜点</td></tr>
</table>

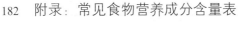

低糖饮食，安全有效的瘦身法

虽然我的身份是营养师，但产后我也遇上了"永远减不下来的3kg"，在长达两年的体重迟滞期中，体重起起伏伏，颇令人沮丧。因此我研究了非常多的瘦身饮食法，最后终于找到了适合自己的瘦身方法，那就是低糖饮食。

低糖饮食瘦身法是目前营养师们公认的、较安全的一种瘦身方法。通过低糖饮食搭配间歇性的运动，我的体重在1个月内减下了2kg，就连体脂率也降了5%，瘦身效果非常好。瘦身成功后，我也没有懈怠，平日遵循着低糖饮食的原则，在假日跟家人朋友聚餐，也没有复胖的迹象，因此我很推荐大家使用低糖饮食法来控制体重。

有了自己成功的瘦身经验后，我便很有信心地向大家推荐低糖饮食，在我推广的过程里，最常遇到的问题就是"分量与糖量不会计算"，这点对我来说不是难题。厨艺平平的我，设计出的低糖餐，就是将食材烫过之后，再拌橄榄油或是加坚果，这种"上不了台面"的减糖餐会让一些想瘦身但又追求美食的人望而却步，实属可惜。

我常常在想，如果我能有一身好厨艺，就能以介绍美食般的方式推广低糖饮食，这会是多棒的事情啊！因此我很积极地翻阅食谱书籍，努力学习料理技巧，希望可以尽我所能推广低糖饮食。就在此时，采实文化出版社向我推荐了张晴琳的这本减糖料理食谱，让我大开眼界。

此次非常荣幸，我能协助计算张老师的减糖食谱热量。借由计算热量的过程，我看到了她对菜谱用心的编排与调配。她的菜谱，除了采用大家容易获得的原型食物以外，还详细地讲解了烹调步骤，让厨房新手也能很快上手，也让低糖饮食不再停留在水煮后再加油添醋的平淡料理，而是秀色可餐的美味佳肴。每天都要做饭的我也挑了几道食谱上的菜肴进行料理，成品颇受家人好评，孩子还说"妈妈终于变换菜色了"，实在是很不给我面子。不过没关系，因为这本食谱让我的厨艺大增，也让我更能沉浸在料理的喜悦之中。

　　从事营养教育长达 16 年的我，也曾遇过有人从完全不接触营养学，到最后可利用健康饮食全面照顾自己与家人的健康，并且乐在其中，这是非常激励人心的故事。而她就是一个非常典型的成功案例。她除了在自己与家人的身上实行健康饮食，还能够推广于大众，我真心地佩服她。

　　如果你想执行低糖饮食，但对于营养学的观念不太熟悉，建议你选择她的减糖料理，按照食谱采买与制作，便能轻松上手，也可以愉快瘦身。

魔膳健康厨房负责人
暨总营养师　廖欣仪

学习减糖料理，
把减糖变成长久的饮食习惯

2016 年，低糖前胖胖的我

　　我今年 41 岁了，身材依旧优秀。逆龄乐活是每个人都想追求的，但有多少人能付诸行动？又有多少人能有幸成功？

甩掉 18 kg 肉不稀奇，不复胖才是重点！

　　2017 年，我凭借着生酮饮食，吃饱吃好，健康减重，顺利减脂，18kg 肉肉在短短不到半年离我而去。

　　2018 年我依旧低糖生酮，维持好体态，择食不节食，成功达到享瘦不复胖。

2019 年，用低糖饮食瘦身成功的我

　　2019 年我持续低糖择食，并将心得、食谱集结成《日日减糖》一书，希望通过这种方式，帮助更多人认识低糖饮食，健康"享瘦"。

　　2020 年，我没有复胖，健康活跃。因为饮食习惯的改变，以及生活化低糖生酮的助攻，不仅满足了我的口腹之欲，还兼顾了身材。对女人而言，还有什么比这更幸福、更梦幻的事？

2020 年，每天快乐吃，不用担心身材的我

让低糖饮食成为一种生活习惯，维持身材很简单

低糖是一种饮食上的选择，就如同素食者、奶素者、喜肉者等，它只是一种个人饮食习惯。我的低糖秘诀就是比一般饮食更注重营养均衡、餐盘比例配置。

也正是因为我对低糖择食的坚持，减糖幅度够大，时间够长，致使我的身体能产酮用酮，进而燃烧脂肪。

在这本书里，我用简单的方法示范怎么煮，怎么吃，怎么选择，希望帮助大家迈向轻松无负担的低糖健康之路。

利用超市家常平价食材，做出多变减糖料理

我做菜的食材都很常见。作为一名妈妈，我会逛超市和菜市场去买菜。对于很多上班族、厨艺新手来说，去菜市场可能不是那么方便，或是去了也不知道该买什么，这时，超市就是一个便利的好选择。

这本书中大部分的食材，在你家附近的超市就能买得到，调味料也可以自行调整，家里有什么就用什么，缺少的不加也没关系。这本书就是为了让减糖更贴近生活，教大家利用超市可购得的食材，及网上常见的原料，用简单的方式、多样的食材、基本的材料、原型的食物，制作出美味的料理，健康减糖。希望这些食谱可以帮助大家，一起吃得健康，消耗脂肪。

用简单的料理方式轻松上菜，让你的减糖饮食持之以恒！

健康很简单，减糖就可以

只有在无望深渊挣扎过的人，才深知那种看不见尽头的茫然与无助。因为我经历过并幸运走出来，所以希望能帮助更多人少走冤枉路。

"健康很简单，减糖就可以！"当初的我很肤浅，只想瘦，想减肥，因为饮食的改变，不到半年我就瘦身成功，也爱上低糖生酮。后来，我才了解"健康是一辈子的事，减重只是附加价值"，不管你的目的是什么，先戒糖、减糖，然后你就能感受到截然不同的人生。

改变其实没有想象中那么困难，你只是还不愿相信它是如此简单。借着这本《日日减糖》，我们一起纤吃纤盈不复胖。

你准备好一起减糖了吗？

张晴琳

2020 年 8 月

Low-Carb

Part 1

日日减糖
瘦身好观念

Diet Plan

减糖、低糖、生酮，
有何不同？

常有人问我减糖、低糖、生酮有什么不同？其实区别就在减糖幅度的大小，减糖幅度足够，就等同低糖；低糖幅度足够，自然生酮。

快速搞懂饮食机制

每天饮食摄取100g以下的糖类食物可统称低糖（会有个体差异），而生酮是一种身体状态，使用酮体作为身体运作能量。方法很多，例如极低糖摄取、蛋蛋餐、全肉食、防弹饮食、断食、高强度运动，等等，无法以一种饮食方式概括。

实行低糖饮食可让身体自然产生酮体，启动体内燃脂机制，也就是大家在讲的低糖生酮。减糖就是入门，当你减少摄入碳水化合物，那么就可以说跨入减糖门槛了。但光是这样就对健康与身材有帮助吗？答案是因人而异的。

每个人对糖类的耐受程度不同，减糖幅度要够大，才能看出瘦身效果。所以我的建议是，新手入门或是仅需维持身体现状者，可以实行减糖饮食；希望改善健康或体态者可采取低糖；若想进阶到生酮者务必先做好功课，了解生酮相关信息。

✏️ 小叮咛

不论你选择减糖、低糖或生酮，饮食方面的大原则是一样的，如下：
- ☑ 食材多元化，种类轮替
- ☑ 摄取足够的优质蛋白质
- ☑ 补充膳食纤维
- ☑ 多原型食物，少加工食品
- ☑ 摄取优质的脂肪

减糖、低糖、生酮前，
你该知道的事

不论你决定减糖、低糖还是生酮，都要先明白下面这些重点。

Point 1　了解什么是"糖"

　　"糖"，有各种不同来源，通常带有甜味的物质被称作糖，比如葡萄糖、果糖、半乳糖、乳糖、蔗糖、麦芽糖等。除了可见的晶体，如砂糖、红糖等，水果、蔬菜也都含有糖。人工甜味剂，则称代糖。

　　从营养学的角度，糖类是指"除去膳食纤维以外的其他碳水化合物"。不过，基本上碳水化合物中可被人体吸收的膳食纤维的量非常少，所以在日常生活中，大致可以认为糖类就是碳水化合物。碳水化合物不仅包含我们传统意义上有甜味的糖，也包含淀粉、纤维素等物质。通常富含淀粉的食物（如红薯、土豆）含糖量比较高，而蔬菜、水果会因种类不同而有不同的糖。

Point 2　选择优质糖来源

　　原型食物，也就是可直接看得出食物的原貌、未过度加工的食物、绿叶蔬菜等。那些无精致糖、无精致淀粉，以及食物本身含糖量低的食材也要优先考虑，例如，以根茎类蔬菜与菇类等好糖食物，代替传统餐盘中的含精致淀粉的面食。

　　每日推荐摄入的净碳水化合物的量为：**生酮期 20g，低糖减重期 50g，减糖维持期 100g**。但因为有个体差异，请自行根据身体感受调整。

可酌量食用的好糖食物，
如红薯、南瓜、土豆、
藜麦、蓝莓、黑莓等

可放心食用的好糖食物，如萝卜、
蘑菇类、海藻、番茄等各种时蔬

Point 3　**学会计算食物含糖量**

一开始进入低糖饮食时，对食物的含糖量不甚熟悉，可以到相关食品营养成分网站查询，输入食材即会显示其热量、蛋白质、脂肪等含量，十分方便。要注意的是，我们所谓含糖量是指净碳水化合物的含量，**净碳水化合物＝总碳水化合物－膳食纤维**。在后面的料理食谱中，也有专业的营养师帮大家计算好了，更加一目了然。

Point 4　**掌握蛋白质摄取量**

每1kg体重要摄取1～1.5g蛋白质，高强度运动与健身者摄入量可再增加。例如，体重50kg的人，每日需摄取50～75g蛋白质。

我们需要蛋白质来确保身体的健康运作，如果蛋白质摄取不足，新陈代谢会变差，导致身体机能下降。而且肌肉、骨骼、血液、脏器、皮肤、指甲、头发的构成都需要蛋白质。蛋白质吸收利用率并非100%，会随着年龄增加而降低，事实上，不少人想利用糖类唤起新生反而造成蛋白质摄取不足，所以没多久身体就出现各种状况。

掌握脂肪摄入量

想要吃好油，先从换掉家里的厨房用油开始！芥花油、葡萄籽油、玉米油、葵花籽油、大豆油、菜籽油等，ω-6 含量过高，食用过多容易引起体内发炎，尽量少使用。可以使用冷压初榨橄榄油、苦茶油、牛油果油等油代替。建议选择两三种食用油交替使用，不要单用一种。

认识脂肪酸

分类	饱和脂肪酸	不饱和脂肪酸			
		单元不饱和脂肪酸（人体非必需）	多元不饱和脂肪酸（必需）		反式脂肪酸（不需）
		ω-9	ω-3	ω-6	
来源	动物性油、椰子油	橄榄油、苦茶籽油、牛油果油	鱼油、亚麻籽油、紫苏油、奇亚籽油	大豆油、玉米油、月见草油、葡萄籽油	人造奶油、奶精、起酥油、氢化棕榈油
摄取比例与作用	可适量摄取，过量造成低密度脂蛋白上升	身体可自行合成，可降低胆固醇	摄取比例为5∶1，可抑制身体发炎	摄取比例为5∶1，容易造成身体发炎	不需摄取。会造成低密度脂蛋白上升

Point 6 掌握三大营养素的搭配

有意识地调配每餐、每天的蛋白质、脂肪、糖类摄取的比例。

☑ 适量蛋白质＋高脂肪＋低糖类
☑ 高蛋白质＋适量脂肪＋低糖类
☒ 少量蛋白质＋脂肪＋高糖类

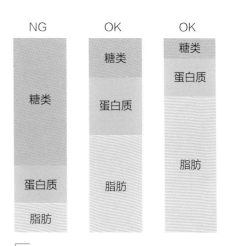

三大营养素比较安全的搭配吃法

掌握进食顺序也很重要，建议优先食用蛋白质与优质脂肪，接着是膳食纤维，淀粉类、含糖量高的食物放最后吃。

吃蛋白质有以下好处：

1 蛋白质是身体组成不可或缺的营养物质，而大部分人都摄取不足

2 蛋白质消化吸收时间长，易产生饱腹感

3 蛋白质无糖，不会引起血糖波动

4 蛋白质促进胃酸分泌，促进消化

吃脂肪有以下好处：

1 脂肪可提供身体所需能量

2 脂肪是人体不可或缺的营养素

3 皮肤的弹性、头发的光泽、激素的分泌都与脂肪有关

4 脂肪带来饱腹感

如果还没吃饱，则再补充脂肪或增量食物。增量食物指体积大、低糖、富含膳食纤维的食物，例如魔芋（蒟蒻）、蘑菇类，除了可提升饱腹感，还能促进肠胃蠕动。

减糖了却瘦不下来，还复胖，为什么？

　　没有任何一个瘦身方式能适用所有人，但是根据大方向来作延伸与调整，减少糖质摄入是不变的原则。

　　好习惯养成不易，而一旦养成，务必坚持不懈，一以贯之。不论你控制饮食是为了健康还是减脂，到一定阶段后，停滞是必然的，这时候，检查一下现况是否"已达普遍标准，而非自我心中的高标准"。

　　如果体重卡关、复胖，可以检查是否存在下列因素，找出原因并排除，但如遇健康问题，需及时就医。

1. 压力

　　不论压力来自工作、家庭、感情、生活，还是育儿，适当的压力能让人产生动力，但过度的压力则形成负担。压力会使身体释放大量压力荷尔蒙，增加胰岛素阻抗，产生血糖不稳定、脂肪囤积、抑郁等疾病，还会抑制副交感神经作用，使肠胃蠕动减弱，影响消化与代谢。

　　情绪压力能使血液中血清素含量降低，可能造成焦虑，这时身体会下意识地渴求高糖、高脂饮食，摄取高糖、高脂食物后，血糖上升，多巴胺分泌增加，坏心情便得到缓解，但这种安慰效果并不持久，很快就会消失，人们很容易再次陷入爆食循环。

　　要留意的是，有时太长时间的断食或是减重短程目标设定过高，也会造成压力。

解决方法

　　远离压力源或寻找合适的减压方式（如听音乐、散步、睡觉、追剧），不要急于速成，慢慢来，才最快。

2. 不良生活习惯

如熬夜、睡眠不足、生活节奏紧张、节食、抽烟、饮酒等。

解决方法

自我检查并认真改善。

3. 缺乏运动

运动好处多多，活动不等于运动，劳动也不等于运动。饮食虽然是保持健康与身材的关键因素，但适量运动是有加乘效果的。

解决方法

不要太懒，可求助专业运动人员，先从自己感兴趣的运动开始。

4. 精致糖或隐糖

精致糖易导致肥胖或身体发炎，忌口、戒糖只能靠自己，别人无论如何帮你打气，决定者与执行者都将是你。如果在饮食控制上无法拿捏分寸，最好的方式就是不要乱尝试，要多查资料。原型食物是相对安全的，只要避开过于复杂的调味及加工食品，基本上不会错得太离谱。

解决方法

如果是无甜不欢的人，可摄取少量低糖水果满足口欲，如蓝莓、番石榴等。外食多少都有隐糖，不用太害怕，但也不要勇者无畏，明知故吃，要依照个人耐受度斟酌饮食。

5. 缺乏微量元素（不敢调味）

寡淡无味不等同健康，无调味餐，可能很少有人能够天天吃而不腻，而一种饮食方式要成为长期习惯，好吃、享受是必须的。

我们常推荐使用岩盐，如玫瑰盐，正是因为岩盐富含微量元素。另外，许多辛香料，如姜黄、胡椒，亦能帮助我们提升新陈代谢。但调味也是适量就好，请记住凡事过犹不及。

真的严重缺乏某些营养素的话，光靠食疗难以达到效果，这时请遵医嘱补充保健食品。

解决方法

烹调时不必刻意重口味或者清淡，选择好的调味料，除了能增添食物风味，亦能补充微量元素。

6. 缺乏大量元素（偏食、节食）

长期吃低卡餐反而会降低身体的新陈代谢，经常性节食可能促使身体产生慢性压力，血糖也变得紊乱，甚至产生暴躁、焦虑、饥饿、自我控制力下降、意志力薄弱。

不要长时间固定吃相同的食物，或过于挑食，吃对食物，尤其原型食物，并不会为身体带来负担，反而会使你健康。因此不要再有少吃会瘦的旧思维，吃对、吃够才会瘦，**"吃饱了才有力气减肥"这句话是正确的**。

解决方法

食材种类应该轮替、多元化，尽量挑选应季、高营养的食材，利用饮食满足口欲，抚慰心灵，提升健康。

7. 低糖烘焙过量或代糖依赖

在传统饮食文化中，甜点、点心不会被视为正餐；同样，低糖饮食时，低糖烘焙自然也是餐后点心，不该作为正餐。

有少部分人吃甜点成瘾，虽然使用赤藓糖醇、罗汉果糖或甜菊糖等代糖制作甜品，常吃或吃太多，仍无法戒除糖瘾或糖依赖。

另一方面，我们知道，平日饮食要适量摄取坚果，但当坚果化身坚果粉制作烘焙点心时，你有记得计算自己摄取的坚果量吗？

制作甜品时减量或分成小份，减少每次食用的量。先吃正餐，鱼、蛋、肉、菜等优先，吃饱了才吃一小份甜品，或是以少许无糖酸奶、纯度高达 75% 以上的巧克力、低糖水果作为点心。

8. 饮水量不足

虽不用每天像水桶一样灌个不停，但饮水量过少也不妥。如果常常觉得口干舌燥，要注意身体是否缺水，适时补充水分。

但是汤、茶与咖啡不等同于水分，它们因为具有利尿效果，反而要额外再多补充水分。

■ 解决方法

不爱喝水的话，可试试气泡水、柠檬水、黄瓜水、莓果水等加味水。少量多次也是个方法，可以每次以几口的方式补充水分。

9. 缺乏好菌

益生菌为人所知的好处有：增强免疫力、调节肠道菌群、帮助肠胃蠕动促消化、抑制坏菌生长、抑制胆固醇、降血压、降血脂、消除自由基、预防过敏，促进蛋白质及钙、镁吸收，产生 B 族维生素等有益物质。

乳酸菌是益生菌的一种，能代谢糖类，是肠内有益菌的代表，好处多多，要正确补充。

■ 解决方法

新鲜蔬菜加盐"天然发酵"而成的泡菜，如台湾酸菜、酸笋、德国酸菜，就含乳酸菌，而且这种泡菜耐久放，别有风味。

也可食用古法酿制的味噌、纳豆、豆腐乳、豆豉、天贝①、奶酪或无糖酸奶，等等。

---

① 天贝：又名丹贝、天培，是一种天然发酵大豆制品。

10. 打破身体惯性

饮食方式有很多种，即使你采用低糖饮食，也不必一个方法用到底，因为不同个体，甚至同一个体，在不同阶段都需要作调整。蛋白质、脂肪与糖类的摄取比例也不是既定的。如果一个方法尝试一周左右就能感受到成效，那就是适合你的方案。

解决方法

控制饮食执行一段时间后却开始停滞，在没有暴饮暴食的前提下，停滞出现一周以上，可以尝试调整饮食结构，打破惯性。

例如，摄取优质淀粉，增加糖类摄取，降低或提高优质脂肪摄取量，调整膳食纤维比例，改变间接断食时间，改变每日进食次数，改变进食顺序，等等。

11. 为什么没有变瘦？

这是很主观的问题，请准备皮尺测量身形、体态的变化，体态的改变胜过体重下降。另外，你是跟上礼拜的自己比？还是跟上个月或是半年前的自己比？会不会你眼中的瘦，其实是过瘦？

解决方法

测量体围、体脂，每次拍照记录下来进行对比，或试穿同一件衣服，这些才是客观的判断。别让饮食控制成为心魔，不由自主地减重成瘾。

一直瘦、
不复胖的秘诀

　　将代糖饮食习惯视为自然而非必然。低糖是因为感到身心舒适，低糖是因为这是我的选择而非不得已而为之，低糖饮食该有的弹性、空间、容许度都要有，要生活化而非枷锁化。

　　我们在瘦身的时候，可以寻找同样执行低糖的同伴，互相交流信息、激励彼此。每个人执行方式都会稍有不同，但择食、减糖原则相通。除了前面提到的饮食观念与建议，我这里再提供一些不复胖的小技巧。

Tip 1　间歇性断食与复食技巧

◆ 每天至少保持 12 小时以上的空腹时间，让身体适当休息。这段时间可包含睡眠时间，很容易达成。

◆ 可循序渐进地增加空腹时间，逐渐达到 16 / 8（空腹时间持续 16 小时，进食时间为 8 小时内）、18 / 6，没有不适或饥饿感也可再进阶到 20 / 4，以上几种方式可轮流循环使用。

◆ 可自由选择在进食时间内吃几餐，只要符合低糖、择食以及高营养，一日一餐，或一日多餐都可以。

◆ 断食后的复食也是个关键。建议以优质蛋白质开场，例如鸡蛋、金枪鱼、三文鱼、鸡胸肉，先简单、少量地食用，稍等 30 分钟后，再享受丰盛完整的一餐。

◆ 断食之后的复食，切勿以大量碳水化合物搭配大量脂肪。

Tip 2 择食不节食

◆ 没有不能吃的食物，关键是吃多少，怎么搭配。

◆ 符合低糖、原型食物原则。

◆ 吃太少也不会瘦，可能是身体不健康而导致的虚胖。

◆ 进食的重点不在于热量多少，而在于营养素的摄取，以富含足量蛋白质、
优质脂肪与膳食纤维等原型食物为佳。

◆ 最忌空营养、高热量的加工食品。

Tip 3 着重抗发炎，避免过敏

◆ 多吃富含不饱和脂肪酸的鱼，摄取 ω-3 系列优质脂肪酸。

◆ 如果日常饮食食材已富含 ω-6 不饱和脂肪酸，那么食用油可挑选富含
ω-3 或 ω-9 不饱和脂肪酸的油品，也推荐多吃富含 ω-3 不饱和脂肪酸
的海产品，如鲭鱼、三文鱼、鲈鱼、沙丁鱼、牡蛎及虾。

◆ 善用好食材抗发炎，例如深绿叶菜、葱姜蒜、姜黄搭配黑胡椒与油脂、
适量红薯、适量蓝莓。

◆ 避免摄取易过敏食材，如乳制品、坚果、糖类、精致淀粉、加工食品。

◆ 改善生活习惯，避免熬夜，少饮酒，适当减压，戒烟，适度运动。

Tip 4 摄取天然发酵食物或富含益生菌食物

◆ 天然发酵德国酸菜。

◆ 天然发酵韩国泡菜。

◆ 天然发酵酸白菜。

◆ 无糖苹果醋。

◆ 豆类发酵食物，如天贝、纳豆、味噌、豆豉，等等。

◆ 希腊酸奶、酸奶油、奶酪等动物性发酵食物。

◆ 克非尔、红茶菌等。

◆ 红茶、普洱茶等发酵茶。

◆ 黑巧克力。

减脂佐餐好伙伴

◆ 姜黄搭配黑胡椒，减油脂效果加倍，不适合直接吃，可入菜，例如姜黄鲜虾饼或姜黄炒菜花。

◆ 无糖肉桂绿茶，儿茶素 [1] 加上肉桂醛能帮助燃脂，可当饮料，但须额外补充水分。

◆ 玫瑰盐奇亚籽柠檬气泡水，可补充微量元素、膳食纤维和不饱和脂肪酸。

◆ 无糖绿茶咖啡，茶中的绿原酸和儿茶素都有助于燃脂，茶氨酸还能避免亢奋。这款绿茶咖啡有很强的利尿功效，饮用后记得多喝温开水。

◆ 善用香草、香辛料，它们除了能增添食物风味，还富含各种营养素，如姜黄、姜、大蒜、肉桂、黑胡椒、无糖可可粉、辣椒、迷迭香、香菜，等等。

Tip 6 **油脂从食物摄取，不盲目喝油、补油**

◆ 无须担心摄取优质脂肪，不需刻意少油清淡。

◆ 油脂从天然食物中摄取，如肉类、鱼类、牛油果、蛋类、坚果。

◆ 用来做菜的油脂，不一定非吃不可，可只用来做调味或辅料，如橄榄油、苦茶油、鹅油、动物性奶油。

Tip 7 **放轻松，慢慢来最快**

◆ 不要急于在短时间内瘦身达标，这样只会给自己带来压力，按部就班往往能达到目的。

◆ 遇到节日、应酬，要适度放松心情，有节制地择食就好。即使摄入糖类过多也别气馁，身体自然会消耗代谢掉，只要不放弃，之前的努力便不会归零。

◆ 别太害怕富含优质碳水化合物的原型食物，例如红薯、南瓜、藜麦、莓果类，它们富含好糖跟好营养素。

---

① 儿茶素：又名茶酸、儿茶精，是从茶叶等天然植物中提取出来的酚类活性物质。

不小心吃了高碳水食物，该怎么办？

低糖是一种生活态度，不是一个规定。规定可能会被遵守，也可能会被打破，生活态度却是一种信念，无须别人监督，是自觉不愿违背的。

没有不能吃的食物，重点在于分量

有人会觉得完全不吃碳水食物，生活就少了乐趣。其实这得看你吃多少量，自己是否有计算与节制，没有完全不能吃的食物。如果嘴馋不想脱离减糖原则，你还可以选择低糖点心或各种原型食物。

遇上应酬、聚会、嘴馋等情况，可将高糖食物放在进食顺序的最后。饮食习惯并非绝对限制，稍稍放轻松，计算自己当日糖类摄取量，少量、几口、有节制地吃并无不可。

不论是短期饮食控制、长期饮食习惯，还是疾病控制，其实决定权在自己，也只有你心里才明白自己的计划，自己要对自己的身体负责。

破戒后，如何重返低糖饮食？

回归的第一餐，食用标准低糖餐（低糖食物、适量优质脂肪、足量蛋白质与膳食纤维）即可，勿高油，温和、折衷即可。舍弃糖、面包、米、面食及加工食品。食用优质油，吃优质脂肪、原型食物、优质蛋白质和大量膳食纤维。简单说就是：无糖、低糖、少淀粉、好脂肪、多蔬菜。其实道理都差不多，掌握大原则就对了。

1. 搭配间歇断食

在不饥饿、不勉强的前提下，隔天可搭配16小时的间歇断食（包含睡眠时间，较容易达成），或是提高运动量来尽量消耗肝糖。

2. 每餐仍要吃饱吃足

每餐仍须吃饱、吃足，摄入高营养食物，饿了可以多吃蛋、肉、菜，慢慢回到正常低糖餐，找回感觉。

Q：当我无法避免进食高碳水化合物食物时，有什么建议吗？

A：1. 可搭配黑咖啡或无糖茶，不要再搭配含糖饮料。

2. 头痛或头晕可以找个地方好好睡一觉。

3. 吃了糖，暂时就不要再搭配高油饮食。

4. 可补充一点纯天然的益生菌或酵素。

改变饮食
容易导致脱发?

生活习惯、情绪、压力、基因、瘦太快等原因,都有可能造成异常脱发。在这里,我们专就营养缺损方面来探讨。

蛋白质是很重要的养发营养元素,许多人会怕自己吃过量,而事实上,大部分人是根本吃不足量。

100g 的肉不等于 100g 蛋白质

我常常遇到有人误会肉的重量等于蛋白质的含量,但是 100g 的肉不等于 100g 的蛋白质。以鸡肉为例:鸡胸肉每 100g 约含 22.4g 蛋白质,鸡腿肉每 100g 约含 16.6g 蛋白质。其他食材,如五花肉每 100g 约含 15g 蛋白质,鲭鱼每 100g 约含 14.4g 蛋白质,白虾每 100g 约含 21.9g 蛋白质。

我们的肌肉、骨骼、血液、脏器、皮肤、指甲、头发的构成都需要蛋白质,长时间的蛋白质摄取不足,新陈代谢会变差,身体机能会下降。

七大方法,改善脱发问题

1. 检查蛋白质有没有吃足

每 1kg 体重需摄取 1 ~ 1.5g 蛋白质。例如体重 50kg 的人每日应吃 50 ~ 75g 蛋白质。

若没有食物秤,可以用概念估算:每天必需的蛋白质摄入量,如果用手掌大小跟厚度估算,不包含手指部分,至少手掌大小与厚度的肉类或鱼虾约三片。一个鸡蛋约含 7g 蛋白质,用鸡蛋补充蛋白质也是便于计算的方式。

2. 补充维生素

补充维生素（维生素 H、维生素 B_7），或多吃富含维生素的食物，如蛋黄、坚果、蘑菇、菜花、鱼类，等等。

3. 利用防脱发洗发液辅助生发

使用防脱发洗发液洗头，并搭配头皮按摩，可有效生发。

4. 改善生活习惯

避免烟酒、熬夜、吃刺激性食物，要适当排除压力。

5. 就医检查是否甲状腺功能失调

甲状腺功能低下会对人体内分泌系统造成影响，使身体无法合成头发所需营养，造成发量稀疏。

6. 是否过度断食、技术生酮

是否因过度断食、技术生酮，导致身体营养素缺乏，造成掉发问题。

7. 补充锌、铁等矿物质

甲壳类海鲜，如牡蛎、贝类；动物内脏，如猪肝；红肉[①]、茄子、蛋黄等食物都是很好的食补来源。

建议平时养成食材交替食用的习惯，避免挑食或一成不变的菜谱搭配，以免身体长期缺乏所需营养素。

---

① 红肉：是指红颜色的猪肉、牛肉、羊肉等，纤维粗硬，脂肪含量较高，不饱和脂肪酸含量较低。而禽肉及水产动物的肉色较浅，故称"白肉"。

减糖瘦身常见 Q&A

Q 减糖瘦身是不是很容易复胖?

A 不会,除非你放弃低糖饮食,长时间地大量摄取糖类或是精细加工食品,才会重蹈覆辙,以前怎么发胖的,现在又怎么胖回去。

如果在一两周之内,因为饮食或生理期造成水肿,恢复低糖饮食的几天后,水肿通常能排除。不要因为体重稍微加减而吓唬自己或感到有压力,只要在一个长时间区段内,体态、体脂没有太多变动就好。

Q 为什么我会复胖?

A 建议自行检查生活习惯与餐盘,复胖一般事出有因,或许是吃太多低糖烘焙,或许接触过敏食材,或许因压力、熬夜,也或许是饮水不足。

重新温习一次前面提到的饮食方针,找出问题并排除就好。如果饮食恢复高糖质,身体耐受度又不高,建议还是稳定执行低糖饮食为上,这对维持体态与健康都有帮助。

Q 会瘦到不该瘦的地方吗?

A 低糖饮食可以让体态均匀,回到正常发育的样貌,也就是回到健康的体态。一定要避免偏食、节食,好的食物才会让身体健康,体态自然也会均匀好看。

Q 低糖都不能吃淀粉吗？

A 可以吃，我自己也会吃，但需选择原型食物，如红薯、南瓜等，而且要注意食用量，但不建议食用精致淀粉食物。

Q 低糖执行太久是不是不好？

A 低糖追求健康、自然的饮食，让身体状态变好，当然能长期执行，但记得保持食材多元轮替、高营养。

Q 会无止尽地继续变瘦吗？

A 不会，身体达到舒适、健康的程度就会停止变瘦了。建议不要盲目追求无止境的瘦，体态匀称，体脂标准，健康愉快就好。

Q 吃了甜品店里的蛋糕、面包或甜点会脱酮吗？

A 会不会脱酮需看个人体质，还跟吃进的糖分含量有关。不管吃多少高碳水食物，身体都得先把吃进去的糖分消耗掉，所以不建议连续性破戒，容易导致失控而使饮食控制宣告终结。

Q 破酮之后要多久才能入酮？会更难入酮吗？

A 不一定，看个体差异和脱酮程度。反复出入酮引起的问题，并不在于下次入酮的难度是否提高，而在于血糖的波动会影响胰岛素分泌紊乱。

让身体保持稳定、舒服的状态才是饮食控制的目的，频繁出入酮对身体反而造成伤害。如果难以克制口欲，其实可以平时考虑减糖、低糖就好，尽量让饮食习惯维持常态，别大起大落地折腾身体。

Q 低糖一段时间后，突然吃太多高碳水化合物的食物会怎么样？

A 吃进高糖后，可能会有几种现象：头痛、嗜睡、强烈渴望更多，之后几小时或隔天变得容易饿、胀气或排便次数增加，等等。身体嗜糖，会发出想要更多的信号，破戒后难熬的往往是身体产生的这些反应。

Q 改变饮食后，睡眠质量会变差吗？

A 睡眠变差可以先检查是生理因素（忧郁、甲状腺亢进、频尿、劳累等），还是心理因素（压力），排除物质与环境因素（咖啡因、尼古丁、手机蓝光、药物等）。

如果睡眠不好，在饮食方面，可适量补充坚果、香蕉、乳制品，其中的色氨酸有助于褪黑激素的转换。白天晒晒太阳，让血清素浓度上升，血清素会转变为褪黑激素，褪黑激素有调节生理时钟及助眠效果。

Q 执行低糖饮食几天后，会产生皮疹状况？

A 身体的脂肪会堆积毒素，在燃脂的过程中，无法被代谢的毒素便可能释放出来，导致皮肤过敏现象，通常一周左右会好转。有些人会有皮疹情况产生，可视为好转反应，但如果情况过于严重还是建议就医。

Q 改变饮食后，会导致脾气变差或情绪低落吗？

A 血清素浓度会影响情绪，每天晒晒太阳能改善。镁元素可帮助稳定神经，加上钙元素效果更好。镁元素含量较多的食物有菠菜、菜花、牛油果、海藻类、海苔、初榨橄榄油、椰子油、秋葵、虾类、贝壳类、鲭鱼、黑巧克力，等等。

Q 执行低糖饮食一段时间后，容易腿酸或抽筋？该怎么办？

A 适时补充稀释的盐水。低糖有助于消水肿，因此日常饮食不需清淡少盐。预防腿酸，也可多补充含维生素 C、B 族维生素和镁的食物。

饮食习惯自我检查

易胖、复胖通常都是饮食习惯不良导致的，需要下决心改变。以下检查与规划步骤，有助于大家更加有规律地控制饮食。

STEP 1 **检查饮食**

易胖的饮食习惯要尽快戒除，以下检查的勾勾越少越健康！

☐ 无法一餐不吃饭、面

☐ 饮料喜欢喝含糖的

☐ 水果越甜越好

☐ 习惯解决家人的剩饭

☐ 爱吃、常吃甜点

☐ 经常吃饼干、面包等零食

☐ 几乎整天都在吃东西

☐ 常常喝酒

☐ 经常吃油炸食物

☐ 总是睡前进食

☐ 偏食、食物内容单调少变化

☐ 没有好好咀嚼，常狼吞虎咽

☐ 常吃加工食品

☐ 常借由含糖食品、高糖食品来犒赏自己

☐ 常吃单一食物

☐ 不大在乎一餐中吃进了多少蔬菜、蛋白质、脂肪

STEP 2 饮食规划表

写下一周的饮食规划，试着在每餐安排不同的蛋白质、蔬菜纤维、碳水化合物等，尽可能让食物多元化，摄取不同的营养素。

	早餐	点心	午餐	点心	晚餐
星期一					
星期二					
星期三					
星期四					
星期五					
星期六					
星期日					

STEP 3 饮食记录表

记下每天吃的食物，计算营养成分，详实记录后，有助于找出饮食漏洞。

	饮食内容	净碳水化合物	脂肪	热量	膳食纤维	蛋白质
早餐						
点心						
午餐						
点心						
晚餐						
点心						

Standing

Part 2　常备菜料理

Dishes

净碳水化合物	脂肪	热量	膳食纤维	蛋白质
28.8 g	3.6 g	234 kcal	18 g	21.6 g

酸白菜

自制酸白菜，不仅天然、无化学添加，还能控制酸度。酸白菜清脆爽口，能促进消化，酸香的滋味可令人生津。富含天然益生菌的酸白菜，用于熬汤，熬得时间越久，酸白菜口感越温润回甘，也可搭配肉片快炒，酸白菜与蛋白质搭配更加美味。

材 料

大白菜 … 1棵，约1800g
盐 …………………… 20g
开水………………… 大量

大白菜

做 法

① 整理白菜。将受损外叶及老叶剥除，再用清水洗净。

② 梗部以十字刀切深约2～3cm，再用手撕成四等分。

③ 以开水快速烫过大白菜（约15秒即可，如使用的分量减少，汆烫的时间也须减少），捞起放筛网沥干放凉。须注意不可以碰到生水。

④ 将白菜一片片抹上食盐，再塞入腌制容器。

 Tip 选用玻璃、陶瓷容器为佳，并须消毒，确保干燥无水、无油。

⑤ 倒入冷开水，将白菜完全覆盖，并以干净重物压住，避免菜叶浮起。制作过程中都要小心，不能碰到生水，以免白菜腐败。

⑥ 将整个容器连同重物密封，放置阴凉处10～15天（气温高，发酵天数会减少；气温低，则发酵天数会增加），有发酵酸味出现即可。

 Tip 可将容器放在大脸盆里，避免发酵过程中渗出的发酵水外溢。

净碳水化合物

	脂肪	热量	膳食纤维	蛋白质
37.7 g	0.8 g	222 kcal	10.3 g	9.8 g

台式泡菜

台式泡菜是台湾常见的小吃佐菜，开胃解腻。自己做台式泡菜，可选用优质天然醋，在盛产圆白菜（甘蓝）的季节，大量制作泡菜，存放于冰箱，作为随时都能享用的家庭常备菜。

材料

圆白菜	600g
胡萝卜	50g
大蒜	15g
辣椒	15g
盐	20g
苹果醋或米醋	350mL
赤藓糖醇①	35g
开水	400mL

超市采买攻略

圆白菜

做法

① 将圆白菜、胡萝卜洗净晾干。

② 圆白菜撕碎，胡萝卜切片或丝状，大蒜以刀背拍松，辣椒切小段。

③ 将圆白菜和胡萝卜丝装入干净的大塑料袋，加入食盐，让袋内充满空气，将袋口抓紧，上下左右任意摇晃，让蔬菜均匀沾附食盐。

④ 挤出袋内空气，用重物压住蔬菜袋，静置至少20分钟。

 Tip 蔬菜会慢慢杀青软化，释出涩水。

⑤ 取一个干净的锅，倒入水、醋、赤藓糖醇，煮糖醋水，等到水沸，糖完全融化后，熄火放凉。

 Tip 糖醋水须完全放凉才能使用。

⑥ 倒掉步骤 ④ 圆白菜释出的涩水，再用力挤干水分，连同大蒜、辣椒一起放入密封容器，再倒入糖醋水，密封。

⑦ 冷藏2天以上，使其入味即可食用。

① 赤藓糖醇，是较为理想的低热值甜味剂。该产品是以玉米淀粉为原料，加工转化成葡萄糖，再通过发酵而得到的一种纯天然的甜味剂，具有热值低、结晶性好、口感好、无致龋性、对糖尿病人安全等特点，可广泛用于各种食品中。

净碳水化合物
4.6 g

脂肪	热量	膳食纤维	蛋白质
0.6 g	35 kcal	3.9 g	2.7 g

渍小黄瓜

小黄瓜含有水溶性纤维，营养丰富，价格亲民，很容易买到，简单烹饪就能拥有多变风味。挑选时黄瓜以偏硬、有刺感者为佳。

材 料

小黄瓜·········· 300g
盐·············· 15g
赤藓糖醇········· 5g
苹果醋或米醋····· 15mL

小黄瓜

做 法

① 小黄瓜洗净擦干，去除头尾，切成厚 0.2 ～ 0.3cm 的薄圆片。

② 撒上食盐抓匀，静置 10 分钟待出水。

③ 倒掉盐水，加入醋、赤藓糖醇，均匀抓腌一下即完成。

 放冰箱冷藏一小时，更加入味好吃。

净碳水化合物

3.5 g

脂肪	热量	膳食纤维	蛋白质
6 g	91 kcal	1.1 g	4.5 g

芝麻酱秋葵

秋葵可调节血糖、降血脂，还富含多种营养素，纤维素含量极高，是健康瘦身的好帮手。秋葵本身味道清淡，搭配上香气醇厚的芝麻酱，滋味刚刚好。

材料

秋葵 · · · · · · · · · · · 80g
白芝麻 · · · · · · · · · 10g
酱油 · · · · · · · · · 10mL

超市采买攻略

秋葵

做法

① 将秋葵洗净，削除蒂头前端。

② 将水（材料分量外）煮沸，放入秋葵烫1～2分钟，取出秋葵沥干。

③ 将白芝麻磨碎，加入酱油调和，淋在秋葵上即可享用。或是自制芝麻酱，将300g的芝麻和10mL的橄榄油，一起放入搅拌机中高速运转15秒，可依自己的喜好，增加搅拌的时间。

Tip 秋葵温热时比较容易拌匀酱料。

净碳水化合物

	脂肪	热量	膳食纤维	蛋白质
0.9 g	4.9 g	73 kcal	0 g	6.7 g

（每一个蛋）

溏心蛋

半膏状的蛋液，搭配滑嫩的蛋白，加上微微酒香，幸福美味即成。溏心蛋可单吃，佐餐亦很百搭，一次制作后，可冷藏分餐食用。

材料

鸡蛋 · · · · · · · · · · 8 个
盐 · · · · · · · · · · · 5g
煮鸡蛋用水 · · · · · · 适量
冰块水 · · · · · · · · · 适量

▼ 酱汁

开水 · · · · · · · · · 250mL
料酒 · · · · · · · · · · 20mL
无糖酱油 · · · · · · 130mL
赤藓糖醇 · · · · · · · · 10g
香叶 · · · · · · · · · · 1 片
大料 · · · · · · · · · · 1 粒

做法

① 取一汤锅，将水、料酒、无糖酱油、赤藓糖醇、香叶和大料放入，煮沸放凉。

② 煮鸡蛋。在锅中放入水、盐，水沸放入鸡蛋，将火转至水维持冒泡状态，再煮 6 分钟。

1. 煮鸡蛋时加入盐可预防蛋壳破裂。
2. 煮鸡蛋用水须盖过鸡蛋 3 ~ 5cm。
3. 煮鸡蛋时可小心旋转搅拌，帮助蛋黄置中。

③ 时间到，关火立即将水煮蛋捞起，放入冰块水中冷却，去壳。

④ 将水煮蛋浸泡于步骤 ① 的酱汁中，密封冷藏一夜即可。

超市采买攻略

| 鸡蛋 | 香叶（月桂叶） | 大料（八角） |

自制青酱

使用九层塔取代甜罗勒，再搭配松子，香气更盛。自制青酱可搭配各式餐点，与肉类、芝士或蔬菜，都很合拍。

材料

九层塔·········· 50g

大蒜 ·········· 20g

松子 ·········· 20g

芝士粉·········· 5g

黑胡椒粉········· 0.5g

盐·············· 0.5g

橄榄油········· 50mL

柠檬汁········· 10mL

做法

① 将九层塔洗净晾干。

② 将九层塔、大蒜、松子、芝士粉、黑胡椒粉、盐放入搅拌机中，大致打碎。

③ 将橄榄油分2～3次加入搅拌机中，继续搅打均匀。

④ 最后加入柠檬汁搅打均匀。柠檬汁可帮助稳定颜色，让青酱色泽更好看。

⑤ 将青酱装入密封罐，再淋上适量的橄榄油覆盖保存。

 成品装入杀菌干燥的密封罐，补倒适量橄榄油淹过表面，这样的方式，青酱可冷藏保存一周。

超市采买攻略

九层塔

净碳水化合物	脂肪	热量	膳食纤维	蛋白质
17.9 g	26 g	352 kcal	13.9 g	9.7 g

农夫烤时蔬

　　这是一道简单的懒人料理，蔬菜种类、调味料皆可依个人喜好更换。只要将蔬菜洗切好，放入烤箱烘烤即完成。

材料 ─────────

茄子 · · · · · · · · ·	150g
甜椒 · · · · · · · · ·	85g
黑木耳 · · · · · · · ·	35g
小番茄 · · · · · · · ·	60g
西兰花 · · · · · · · ·	100g
洋葱 · · · · · · · · ·	50g
西葫芦 · · · · · · · ·	150g

▼ 调味料

牛油果油 ① · · ·	约 25mL
盐 · · · · · · · · · ·	适量
黑胡椒粉 · · · · · · ·	少许
香蒜粉 · · · · · · · ·	少许

做法 ─────────

① 将所有蔬菜类洗净，切成适口大小。
② 将蔬菜放入烤盘，均匀淋上牛油果油与调味料。
③ 烤箱预热后，以 200℃ 烤 18 分钟，避免烤焦。

 蔬菜大小会影响烘烤时间与熟透程度，可根据烤箱情况自行调整。

超市采买攻略

西葫芦　　　　　　　茄子

───────────
① 牛油果油，又称酪梨油、鳄梨油，营养含量极高，带有甜甜的水果香，还有些油脂感。牛油果油味较重，颜色偏绿，不适合单独使用。

净碳水化合物	脂肪	热量	膳食纤维	蛋白质
61.5 g	76.5 g	1054 kcal	18.6 g	26.6 g

低糖萝卜糕

这道低糖萝卜糕也可以按各人喜好，自行增加虾米、肉末等不同食材。萝卜糕蒸好后直接食用，可以品尝到食材的原味香气，不管冷热都好吃。也可将萝卜糕煎到表面微焦，蘸上蒜末酱油，滋味更佳。

材料

白萝卜	250g
干香菇	5 ~ 8g
橄榄油	10g
鹅油香葱	20g
白胡椒粉	1g
盐	2g
开水	80mL

▼ 辅料

烘焙杏仁粉	100g
洋车前子壳粉	10g
鸡蛋	2 个
开水	80mL

超市采买攻略

白萝卜　　　　干香菇

做法

① 将白萝卜洗净切成丝，干香菇泡发后切碎。

② 橄榄油热锅，放入香菇爆香一下，再加入萝卜丝拌炒。

③ 加入鹅油香葱、白胡椒粉、盐继续拌炒，再加入开水，煮至萝卜丝软化。

④ 在等待萝卜丝软化的空档，将辅料拌匀备用。

⑤ 取一个600mL的长方形模具，在四周和底部刷上橄榄油（材料分量外）。

⑥ 将步骤④拌匀的材料，加入煮熟的步骤③中，翻炒均匀至呈现收汁黏稠状即可。

⑦ 将萝卜糊填入模具中，用力压密实。将模具放入蒸锅内，蒸30分钟。将竹签插入萝卜糕中央，取出无粘黏即代表已蒸熟。

⑧ 萝卜糕冷却后即可脱模，可直接切片食用，或再煎至外皮酥脆后食用，都很美味。

蘑菇之煮

净碳水化合物

	脂肪	热量	膳食纤维	蛋白质
7.1g	0.5 g	50 kcal	3.7 g	4.1 g

菇类是很好的饱腹食物，富含膳食纤维及多种营养成分，不同种类搭配食用更佳。挑选时，伞帽圆润饱满者较为新鲜。

材料

蟹味菇·············· 50g

金针菇··········· 100g

白玉菇··········· 50g

姜··············· 20g

赤藓糖醇········· 5g

无糖酱油········· 20mL

米酒············· 10mL

开水············· 30mL

做法

❶ 将菇类洗净，切除根部，剥成小块，姜段切丝。

❷ 将所有食材放入锅内，盖上锅盖，用小火炖煮 10 分钟。

❸ 开盖稍微搅拌，待汤汁稍微收干即可。

超市采买攻略

蟹味菇　　　　白玉菇

净碳水化合物	脂肪	热量	膳食纤维	蛋白质
1.1 g	12 g	18 kcal	1.3 g	0.9 g

（每一片）

低糖润饼皮

低糖润饼皮需要花一点时间和技巧，才能煎得漂亮。新手只要练习几次就会慢慢上手。如果家中有松饼机或蛋卷机，制作起来就更加方便了，也可用平底不粘锅慢慢煎，享受手作乐趣。

材料

鸡蛋 ···················· 1 个
烘焙杏仁粉············· 20g
洋车前子壳粉 ········· 15g
盐 ···················· 0.5g
温水 ················ 500mL

※ 约可做 10 片润饼皮。

做法

① 鸡蛋搅拌打散。将烘焙杏仁粉、洋车前子壳粉、盐搅拌混合均匀。

② 将粉材与蛋液放入料理机，再将温水分 4 ～ 5 次倒入，搅拌混合。手工不太好拌均匀，建议使用果汁机或电动搅拌器。

超市采买攻略

鸡蛋

❸ 拌匀后会呈现胶状，静置至少 15 分钟，让粉糊充分吸饱水分。

❹ 用中小火热锅，取一勺粉糊（约 50g）放入不粘锅中，稍微举起锅子，慢慢画圆旋转，让粉糊面积逐渐扩大。

1. 润饼皮的大小、厚薄可依个人需求调整。也可利用不粘锅铲推移，涂抹出饼皮形状。
2. 可盖上锅盖一分钟，帮助粉糊定形，但不要盖太久，以免水珠滴落。

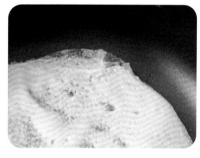

❺ 耐心静待 2 ~ 3 分钟，饼皮便逐渐成形。等到边缘干硬或翘起、中央熟透，饼皮就可以翻面。煎的时候如果不小心有破损，可取一小块粉糊贴上修补再煎熟。

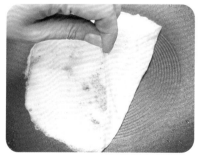

❻ 可使用锅铲小心慢慢铲起，或用手从边缘轻轻撕起。

❼ 翻面后煎约 2 分钟，确定一下两面都煎熟、不粘黏即可起锅煎下一片。

❽ 放凉后就可以用来制作润饼了。

低糖润饼

净碳水化合物	脂肪	热量	膳食纤维	蛋白质
10.6 g	13 g	239 kcal	4.8 g	18.2 g

卷饼一次就可以吃到多种食材，摄取到不同的营养素，想吃什么就包入什么，可以自行变换当季食材。

材料

润饼皮·········· 1 ~ 2 片

圆白菜丝········· 50g

胡萝卜丝········· 50g

豆芽菜·········· 50g

香菇丝·········· 30g

猪肉丝·········· 70g

盐············· 适量

无糖酱油······· 10mL

※ 此分量为 1 份润饼。

做法

❶ 将圆白菜、胡萝卜、香菇洗净切成丝，豆芽菜洗净。

❷ 分别将圆白菜丝、胡萝卜丝、豆芽菜烫熟。香菇丝拌炒猪肉丝，加入盐、酱油调味，炒到酱汁收干入味。

❸ 将所有配料集中放在饼皮一侧，再左右折起，从配料边缘处开始卷起来。想要制作粗一点的，可试着将两张饼皮交叠卷起。

净碳水化合物
3.2 g

脂肪	热量	膳食纤维	蛋白质
3.8 g	52.6 kcal	3.6 g	2.6 g

（每一片）

万用低糖饼皮

此款饼皮较厚，可当作低糖蛋饼皮、卷饼皮，或是切成长条状，做成无淀粉面条，吃法多变。刚开始制作时需要摸索要领，多做几次就会越来越顺手了。

材料

鸡蛋	2 个
烘焙杏仁粉	40g
洋车前子壳粉	30g
盐	1g
温水	270mL

※ 每片约 70g，约可制作
6 ～ 7 片。

超市采买攻略

鸡蛋

做法

① 将鸡蛋搅拌打散，烘焙杏仁粉、洋车前子壳粉、盐搅拌混合均匀。

② 将粉材与蛋液放入搅拌机，再将温水分 4 ～ 5 次倒入，搅拌混合。如果手工不太好拌至均匀，建议使用榨汁机或电动搅拌器。

③ 拌匀后静置至少 15 分钟，粉团会逐渐变得光滑。

④ 当粉团已充分吸饱水分，呈现不粘手状态，即可开始制作饼皮。先将桌面铺上保鲜膜防止粘黏，取出 70g 粉团。

⑤ 取一张烘焙纸覆盖粉团（可使用圆形烘焙纸或在纸上画圆形帮助塑形）。

⑥ 大致形状出现时，以手指隔着烘焙纸推移、修饰不平整的部分。

⑦ 塑形完成后，烘焙纸不取下，直接放入热好的不粘锅内。将生饼皮面朝锅中，烘焙纸面朝上，以中小火煎熟。

⑧ 耐心静待 2 ~ 3 分钟，轻轻将烘焙纸从边缘拉起不剥除，若饼皮已成形，不粘锅面，则可翻面。

 1. 煎饼皮时，可同时制作下一片饼皮，就不会浪费时间了。
2. 如果发现有破损，可取一小块粉糊贴上修补再煎熟。

⑨ 翻面后烘焙纸贴着锅面，煎 2 ~ 3 分钟，再翻面使烘焙纸朝上，即可剥除烘焙纸，确认两面都煎熟、不粘黏即可起锅煎下一片。

 1. 饼皮大小、厚薄可依个人需求调整。
2. 饼皮有一面孔洞较多无妨，成品光滑面朝外即可。

净碳水化合物	脂肪	热量	膳食纤维	蛋白质
5.5 g	13.5 g	195 kcal	3.6 g	13.5 g

低糖蛋饼

　　低糖蛋饼很适合作为早午餐或是餐与餐之间的点心，再配上无糖花茶，让人感到满足又惬意。

材 料

万用低糖饼皮⋯⋯⋯ 1 片
鸡蛋⋯⋯⋯⋯⋯⋯ 1 个
芝士⋯⋯⋯⋯⋯⋯ 1 片

超市采买攻略

鸡蛋　　　　　芝士

做 法

① 起油锅，倒入搅拌均匀的蛋液，覆盖上低糖饼皮。

② 待鸡蛋定形后将饼皮翻面，鸡蛋面朝上，放上芝士折起就完成了。

Tip　蛋饼配料可依个人喜好添加与更换。

净碳水化合物
4.9 g

脂肪	热量	膳食纤维	蛋白质
19.6 g	307 kcal	3.5 g	30.3 g

鸡蛋豆腐

鸡蛋豆腐的做法很简单，不过要做出光滑细致的成品，需要一些小技巧。制作时，将豆浆蛋液过滤，蒸煮时锅盖保留缝隙，都能让鸡蛋豆腐表面更加光滑。

材料 ————

无糖豆浆 · · · · · · 270mL
鸡蛋 · · · · · · · · · · 3 个

做 法 ————

1. 鸡蛋打散，加入豆浆拌匀，用滤网过筛 2 次，去除泡沫。鸡蛋与豆浆比例约为 1：1.5。

2. 取一耐热容器，在周围涂上薄薄一层油（材料分量外），倒入鸡蛋豆浆液。

1. 选择宽而浅的容器，可避免出现四周过熟但中间没熟的状况。

2. 可以用一张保鲜膜轻轻滑过鸡蛋豆浆液，吸起表面的小气泡。

3. 放入蒸锅，锅内加入 1 杯水，锅盖留一小缝隙蒸 20 ~ 25 分钟。

4. 蒸熟后静置冷却，用刀沿着容器边缘刮一圈，让空气进入会较好脱模，也可以在步骤 2 倒入蛋液前，在容器底部铺上烘焙纸。可直接分切食用，煎过更香。

超市采买攻略

无糖豆浆　　　　鸡蛋

净碳水化合物 8.2 g

脂肪	热量	膳食纤维	蛋白质
33.8 g	429 kcal	2.5 g	21.4 g

老皮嫩肉

　　此款菜外皮焦香酥脆，内裹软滑嫩口，吸满酱香的滋味令人销魂，是川菜馆的人气菜肴。老皮嫩肉做法简单，只要按照步骤料理，即可零失败上菜。

材 料

日本豆腐·········· 1 袋
苦茶油·········· 20mL
小葱··········· 25g

▼ 酱汁

酱油··········· 20mL
开水··········· 30mL
醋············ 5mL
辣椒··········· 1 个
大蒜··········· 5 瓣

做 法

① 小葱、辣椒、大蒜切末备用。
② 日本豆腐切大块后，用餐巾纸吸除表面多余水分。

 可以选择市售的日本豆腐或是自制鸡蛋豆腐。

③ 起油锅，将豆腐各面煎至金黄焦香后，盛盘备用。
④ 不需洗锅，将酱汁全部倒入锅煮沸，淋在豆腐上。
⑤ 撒上葱花就完成了。

日本豆腐（玉子豆腐）

Chicken

Part 3　鸡肉料理

Recipes

净碳水化合物 0g

	脂肪	热量	膳食纤维	蛋白质
	229 g	2750 kcal	0 g	161 g

脆皮烤鸡

确保鸡皮表面干燥，在鸡腹内、皮肉之间抹油。抹油是为了阻隔水气，干燥无水气就是表皮酥脆的秘诀！这几个操作都能增添烤鸡风味。牛油果油、橄榄油或奶油皆可，奶油制作出来的成品特别香。

材料

半只鸡或一只小的全鸡

调味料

无糖酱油·········· 30mL

橄榄油············ 30mL

黑胡椒粉·········· 大量

香蒜粉············ 大量

十三香粉·········· 15mL
（可用五香粉代替）

辣椒粉············ 适量

做法

1. 将鸡洗净，用餐巾纸吸干水分。
2. 将全部调味料混合均匀，涂抹在半鸡或全鸡鸡皮外层，可让鸡皮烤起来更加酥脆。
3. 将鸡放入空气炸锅中，可以把鸡翅往下折避免烧焦，在鸡皮表面刷或喷上一层油。
4. 以180℃气炸20分钟，打开空气炸锅，沾取底部的油再刷上鸡皮，视鸡的大小再气炸5～10分钟就完成了。如使用烤箱，先预热190℃，烘烤30分钟后，取出烤鸡，将烤盘上的油汤均匀淋在鸡皮上，可使烤鸡更加酥脆，然后对掉方向继续烘烤20分钟，使烤鸡烘烤更加均匀，熟透即可出炉。

超市采买攻略

全鸡

Tip

如何知道鸡肉是否熟了？
可用竹签穿刺鸡腿跟鸡身附近肉最厚的地方，流出清澈鸡油就代表熟了，混浊则表示未熟。

净碳水化合物 6.6 g | 脂肪 18 g | 热量 393 kcal | 膳食纤维 4.4 g | 蛋白质 48 g

低糖鸡丝凉面

闷热的厨房有时让人却步，久站久煮也会影响胃口，来道消暑饱腹的快速料理，能让你优雅出餐。用西葫芦、鸡丝制成的西葫芦面，在夏季食用，清爽无负担。

材料

西葫芦	250g
小黄瓜	75g
胡萝卜	40g
鸡蛋	1个
鸡胸肉	150g
橄榄油	5mL

▽ 凉面酱

无糖花生酱	1匙
无糖酱油	1匙
饮用水	1匙
蒜泥或香蒜粉	适量
辣油	适量（也可省略）

超市采买攻略

鸡胸肉　　　　西葫芦

做法

◎ 利用蔬果刨丝刀将西葫芦削成长条，做成西葫芦面。

◎ 将西葫芦面放入沸水中煮1分钟，捞起沥干。

◎ 将鸡胸肉煮熟，盛起放凉后剥成丝。

 Tip 先将鸡胸肉浸泡在盐水中2小时再煮煮，肉质会更加软嫩多汁。盐水中，盐量为水量的5%，如泡过夜则为2%。

◎ 将胡萝卜、小黄瓜洗净切丝备用。

◎ 起油锅，倒入搅拌好的蛋液，煎一张薄蛋皮，盛起放凉后切丝。

◎ 将所有食材摆盘好，把凉面酱所有材料拌匀，淋上即完成。

净碳水化合物 7.4 g
脂肪 6.8 g
热量 231 kcal
膳食纤维 9.5 g
蛋白质 30.4 g

无米香菇鸡肉粥

　　粥是常见的家常料理，当你嘴馋又不想摄取过多的淀粉时，不妨试试这道无米粥，不仅低糖，还保留着原型食物的丰富营养。

材料

材料	分量
干香菇	1 朵
泡发香菇用水	50g
西兰花	200g
高汤或水	350g
芹菜	15g
鸡胸肉	80g
鸡蛋	1 个
洋车前子壳粉	4g
盐	3 ～ 5g
白胡椒粉	少许

做法

① 干香菇泡发备用。也可使用新鲜香菇，糖质更低。

② 鸡胸肉泡盐水（材料分量外）备用，盐水比例大约是将 5g 的盐加入 100g 的水。

 鸡胸肉先浸泡在盐水中 1 ～ 2 小时，可使肉质软嫩不干柴。

③ 将西兰花洗净剁碎至米粒大小。将步骤 ① 泡发好的香菇挤干切成片或末，将芹菜切末。

 市面上也有出售已处理好的冷冻西兰花粒，使用上更加快速方便。

④ 取一汤锅，将水煮沸，放入步骤 ② 泡好的鸡胸肉，煮 3 分钟后焖 2 分钟，取出放凉，再撕成丝状。

⑤ 原汤锅再放入西兰花粒、香菇末一起炖煮。水开后转小火继续焖煮 15 ～ 20 分钟，至西兰花软化即可。焖煮时间可按西兰花熟烂程度自行调整。

⑥ 放入鸡肉丝，加入盐、白胡椒粉调味后，均匀撒入洋车前子壳粉并快速搅拌，避免结块。

⑦ 打入蛋花待凝固，撒上芹菜末，即可享用。芹菜末可用葱花或其他蔬菜取代，不过香气稍有差异。

鸡胸肉

碳水化合物	脂肪	热量	膳食纤维	蛋白质
74 g	21.5 g	672 kcal	0 g	43.1 g

四物鸡汤

从青少年时期开始，我就习惯每个月喝点四物汤滋补身体，开始减糖饮食后，我还是维持这样的习惯。药膳包可以到中医院购买，部分超市也有调配好的四物药膳包。

材料

鸡腿 · · · · · · · · · · · 1 个
四物汤 [①] 料 · · · · · · 1 份
米酒 · · · · 少许（也可省略）
水 · · · · · · · · · · · · 适量

做法

① 砂锅加入水、米酒淹过四物汤料，先煮出药材精华。

② 在等待时间将鸡腿分切，放入热水中汆烫去除血水，再用冷水洗净杂质备用。

③ 把鸡腿加入砂锅的药膳汤中，加水淹过所有食材，继续焖煮。

 可以再额外加入枸杞、红枣调味，不过这两种食材的碳水量都蛮高的，需斟酌分量。

④ 待鸡腿煮烂就完成了！

鸡腿切块 　　　　四物汤料

---

① 四物汤：《太平惠民和剂局方》中标准配方是熟地黄 12g、当归 10g、白芍 12g、川芎 8g。

碳水化合物	脂肪	热量	膳食纤维	蛋白质
3.6 g	39.2 g	616 kcal	0.4 g	59 g

塔香鸡肉丸

利用绞肉机，一键按下，就能轻松制作这道香气馥郁的嫩口鸡肉丸。可以一次大批量制作，放于冰箱冷冻保存，想吃时再取出煎熟加热即可，很适合作为常备菜或便当菜。

材料

鸡腿肉 · · · · · · · · · 280g
洋葱 · · · · · · · · · · 30g
九层塔 · · · · · · · · · 5g
鸡蛋 · · · · · · · · · · 1 个

▼ 调味料

米酒 · · · · · · · · · 10mL
酱油 · · · · · · · · · 10mL
橄榄油 · · · · · · · · 10mL
白胡椒粉 · · · · · · · · 0.5g
姜粉 · · · · · · · · · · 0.5g
盐 · · · · · · · · · · · 1g
盐 · · · · · · · · · · · 1g

做法

1. 将鸡腿肉去骨切成小丁，再放入绞肉机中绞碎。
2. 将洋葱、九层塔、鸡蛋放入绞肉机，继续绞碎，使它们与鸡肉融合。
3. 在绞肉机中，加入所有调味料，继续搅打混合均匀。
4. 取一平底锅，倒入橄榄油（材料分量外），用汤匙挖取搅打好的肉泥，团成肉丸，入锅，用中小火慢慢煎至表面微焦，待肉丸底部变白、稍呈金黄色就可翻面。
5. 将鸡肉丸每一面都煎熟即可盛盘享用。

 也可以淋上自制青酱享用。

鸡腿排切块　　　　鸡蛋

净碳水化合物 15.7 g | 脂肪 21.5 g | 热量 462 kcal | 膳食纤维 13 g | 蛋白质 45.1 g

荫瓜香菇鸡

这是记忆中妈妈的味道，也是家的味道。这一款鸡汤，美丽的琥珀色汤汁甘醇清甜，让人忍不住吃了一口又一口。冬天来上一碗，暖心又暖胃。清爽的口感，夏天享用也会让人感到幸福无比。

材料

荫瓜 · · · · · · · · · · · · · · · 半碗
（可用酱黄瓜代替）
荫瓜汤汁 · · · · · · · · 1汤勺
干香菇 · · · · · · · · 6 ~ 7 朵
鸡腿 · · · · · · · · · · · · 1 个
水 · · · · · · · · · · · · · · 适量

做法

① 干香菇泡水（材料分量外）备用。

② 鸡腿洗净分切，以沸水汆烫一下捞起备用。

③ 在电饭煲内，放入荫瓜、泡发香菇、鸡腿块，倒入荫瓜汤汁、香菇水，再加入水至锅子的八分满。

 荫瓜汤汁已有咸度，可依个人口味再调整咸淡。

④ 待开关跳起即完成。

 也可以用砂锅烹煮，以中火煮沸后，转小火继续煮至鸡肉软烂即可。

超市采买攻略

鸡腿切块

干香菇

碳水化合物	脂肪	热量	膳食纤维	蛋白质
12.9 g	50.3 g	676 kcal	7.1 g	39 g

盐水鸡

人在低糖饮食的有些时刻，会想要吃点爽口的料理。盐水鸡这道夜市人气美食，备料简单，做法容易，在家也能轻松复刻，作为夜宵、野餐都适合。

材料

鸡胸肉或无骨鸡腿排
· · · · · · · · · · · · · · · 200g
小黄瓜· · · · · · · · 150g
西兰花· · · · · · · · 100g
圆白菜· · · · · · · · 150g
玉米笋· · · · · · · · 60g
小葱· · · · · · · · · 25g
姜· · · · · · · · · · 3 片

调味料

盐· · · · · · · · · · · 5g
胡椒粉· · · · · · · · · 适量
米酒· · · · · · · · · 10mL
香油· · · · · · · · · 10mL

做法

① 将小黄瓜、西兰花、圆白菜洗净，切块，小葱切末。
② 煮一锅水烫熟所有青菜，捞起沥干备用。
③ 将鸡肉、姜片一同放入汤锅，鸡肉煮熟后捞起沥干。
④ 所有食材放凉，将鸡肉剥成丝状或块状。
⑤ 将鸡肉、蔬菜与所有调味料拌匀，撒上葱花即完成。

 冰镇过后会更好吃。

超市采买攻略

鸡胸肉　　　　圆白菜

净碳水化合物
11.2 g

脂肪	热量	膳食纤维	蛋白质
32.5 g	530 kcal	3.7 g	42.1 g

焗烤鸡肉西葫芦

　　鸡肉与芝士的组合总是让人吮指难忘，再搭配清爽的西葫芦、甜椒解腻，美味程度不输餐厅料理。这道菜使用烤箱或空气炸锅制作，优雅出餐不费力。

材料

西葫芦	250g
甜椒	85g
鸡胸肉	150g
鸡蛋	1个
芝士丝	30g
橄榄油	20mL
盐	适量
黑胡椒粉	适量

做法

① 西葫芦切成片状，放入刷上一层油的烤盘。

② 甜椒切成丝状，铺放在西葫芦上面，再放上鸡胸肉。

 将鸡胸肉浸泡在盐水中2小时，肉质会更加软嫩多汁。

③ 撒上盐、黑胡椒粉，打入鸡蛋，铺上芝士丝。

④ 在表面均匀刷上橄榄油，放入空气炸锅以180℃烘烤15～20分钟即可。若使用烤箱，180℃预热后，烘烤20～25分钟。

 芝士丝及蔬菜上都要刷上一层油，避免焦化。

超市采买攻略

鸡胸肉　　　西葫芦

净碳水化合物	脂肪	热量	膳食纤维	蛋白质
5.9 g	18 g	365 kcal	2.4 g	38.7 g

烧鸟串

　　不管是三五好友相聚聊天，还是夫妻两人共享甜蜜时光，抑或是一个人享受自在独处，随手拿一串烧鸟串，咀嚼中齿颊飘香的滋味，品尝过后就再难忘怀。

材料

鸡腿肉··········	200g
小黄瓜··········	150g
甜椒···········	85g
小番茄··········	60g

调味料

孜然粉··········	适量
胡椒盐··········	适量
白芝麻··········	适量

腌料

酱油···········	15mL
米酒···········	5mL
蒜末···········	适量

做法

① 先将竹签泡水备用。

② 鸡腿肉洗净，去骨切丁，放入拌匀的腌料中静置半小时。

③ 所有材料洗净，小黄瓜切小段，甜椒去籽切小块，小番茄对半切。

④ 用竹签将鸡肉与蔬果串起，再撒上孜然粉、胡椒盐调味。

⑤ 取一平底锅，以中小火煎熟鸡肉，适时刷上腌料酱并翻面。

 也可用烤箱，180℃预热，烤15分钟，翻面再烤10分钟。

⑥ 待鸡肉全熟，撒上白芝麻就完成了。

超市采买攻略

鸡腿排切块　　　　小黄瓜

净碳水化合物 9.2 g

脂肪	热量	膳食纤维	蛋白质
14 g	337 kcal	2.6 g	39.9 g

鸡肉披萨

这道鸡肉披萨，以鸡肉取代饼皮，铺上满满的配料，再撒上芝士，热呼呼出炉享用，绝对令人满足。

材料

鸡胸肉	150g
洋葱	50g
蘑菇	70g
小番茄	40g
菠菜	40g
芝士丝	50g
番茄酱	适量
黑胡椒粉	适量
辣椒片	适量

超市采买攻略

鸡胸肉　　　　洋葱

做法

① 鸡胸肉洗净对半切，大约留下 1cm 不切断，中间摊开，可增加鸡胸肉面积，当作披萨饼皮。

② 洋葱切丝，蘑菇切片，小番茄切片，菠菜切碎。

③ 将鸡胸肉放在烘焙纸上，先涂上一层番茄酱，再铺上所有蔬菜，撒上芝士丝。

 可以依个人喜好，替换成其他低糖食材或酱料。

④ 烤箱预热，以 170℃烤 20 分钟，出炉后再撒上黑胡椒粉、辣椒片即可。

Pork

Part 4   猪肉料理

Recipes

净碳水化合物
2.4 g

脂肪	热量	膳食纤维	蛋白质
59.7 g	650 kcal	1.5 g	24.2 g

酸菜炒白肉

酸白菜除了煮汤，用来拌炒更能释放出爽脆酸甜的口感，搭配富含油脂的五花肉，清爽开胃不油腻。

材 料

猪五花肉片 · · · · ·	150g
酸白菜 · · · · · · · ·	150g
小葱 · · · · · · · · · ·	25g
辣椒 · · · · · · · · · ·	1 个
大蒜 · · · · · · · · · ·	2 瓣
橄榄油 · · · · · · · ·	10mL
盐 · · · · · · · · · · ·	适量

▼ 腌料

酱油 · · · · · · · · ·	15mL
米酒 · · · · · · · · ·	10mL

做 法

1. 猪肉以腌料腌半小时。酸白菜、葱切段，辣椒、大蒜切片。
2. 干锅以中小火先拌炒酸白菜，把汤汁收干后盛盘备用。
3. 起油锅稍微煸炒猪五花肉片，再加入蒜片爆香。
4. 放入酸白菜、盐翻炒入味，待猪肉熟透时加入辣椒、葱段稍微拌炒，熄火盛盘。

超市采买攻略

猪五花肉片

大蒜

净碳水化合物	脂肪	热量	膳食纤维	蛋白质
27.3 g	25.6 g	559 kcal	11.9 g	55.5 g

豆浆味噌锅

利用简单的方式煮出鲜甜高汤，省去熬煮的冗长时间，便捷快速享用海陆珍味。

材料

高汤或饮用水····	700mL
无糖豆浆······	375mL
味噌·········	50g
猪肉片········	280g
玉米笋········	60g
番茄·········	75g
蛤蜊······	6 ~ 10 个
叶菜类········	300g
蘑菇类········	50g

做法

① 高汤加入无糖豆浆，用中火加热。

 Tip 选择豆浆时记得挑选非转基因大豆制成的无糖豆浆。

② 煮沸前，利用筛网与汤匙以压磨方式将味噌融入汤底。

③ 先放入玉米笋、番茄等耐煮蔬菜，增加汤底鲜甜。

④ 待汤微沸时放入叶菜类、蘑菇类、蛤蜊与猪肉片。

⑤ 食材涮熟即可熄火享用。

 Tip 豆浆锅要用中小火慢慢煮沸，才不会冒出脏脏丑丑的泡泡，或变成碎豆花状。

超市采买攻略

猪五花肉片

番茄

净碳水化合物

	脂肪	热量	膳食纤维	蛋白质
24.8 g	91 g	1162.5 kcal	3.7 g	55.9 g

低糖糖醋排骨

难忘传统糖醋排骨脆嫩酸甜的好滋味？裹上淀粉与糖的糖醋排骨，往往让低糖饮食者却步，我更换了调味方式，制作出适合减糖饮食的糖醋排骨，快来试试看吧！

材 料

猪小排·········· 300g
甜椒··········· 200g
番茄··········· 50g
橄榄油········· 20mL
盐············· 1g
黑胡椒粉········· 适量
香蒜粉·········· 适量
白巴萨米克醋····· 35g
（或醋 35g + 赤藓糖醇 8g）
无糖酱油········· 35g
开水·········· 120mL

猪小排

做 法

1. 将猪小排洗净、沥干，用餐巾纸吸干水分。
2. 将番茄、甜椒切成适口大小备用。
3. 锅内放入橄榄油，将排骨肉煎至各面微焦，撒上黑胡椒粉、盐调味，继续煎至各面呈金黄色。
4. 调配酱汁，将白巴萨米克醋与无糖酱油调和均匀。

> **Tips**
> 1. 白巴萨米克醋可用醋加赤藓糖醇，或柠檬汁加赤藓糖醇替代。
> 2. 如果喜欢更酸甜的口味，可加大白巴萨米克醋的比例。

5. 锅内加入香蒜粉，倒入酱汁，稍微翻拌后倒入开水。
6. 将炉火调小，静待约 15 分钟，中途适时翻动排骨使其沾附酱色。切勿使用大火，不然酱汁易焦且肉会变老。
7. 加入甜椒翻拌均匀再煮约 10 分钟，待排骨炖软，以中火收干酱汁，并翻拌排骨使其沾附酱汁。
8. 起锅前再加入番茄稍微拌一下，或盛起后再装饰。

奶油猪肉菠菜盅

这是一款简单又美味的懒人料理，将全部食材搅拌均匀烘烤即可完成。如果改用数个小烤盘做迷你盅，就是可口派对点心。

材 料

西葫芦	250g
小番茄	10g
甜椒	30g
菠菜	50g
洋葱	15g
大蒜	10g
橄榄油	5mL
芝士丝	30g
鸡蛋	3 个
鲜奶油	50mL
猪肉馅	100g
盐	2g
黑胡椒粉	1g

做 法

1. 将西葫芦、小番茄和甜椒切丁，菠菜、洋葱切碎，大蒜切末，蛋液搅拌均匀。

2. 将芝士丝以外的其余食材搅拌均匀，可留下少许甜椒与番茄切末作为装饰用。

3. 在烤盘四周与底部刷上一层油，装入食材，在表面撒上芝士丝，在最上方装饰甜椒或番茄末。

4. 烤箱 160℃预热，烤约 20 分钟即可出炉。

超市采买攻略

猪肉馅　　　菠菜

净碳水化合物 3.6 g

脂肪	热量	膳食纤维	蛋白质
83.8 g	1065 kcal	5.4 g	67.4 g

古早味炸排骨

炸排骨是一道充满回忆的古早味精致美食。即使不使用淀粉，我也能教你制作出符合低糖饮食标准的香酥裹粉，让你一解口欲。

材料

梅花肉片‥‥‥ 5 片，300g
炸油‥‥‥‥‥‥‥ 适量
（橄榄油、猪油或烹饪用椰油皆可）

▼ 腌料

无糖酱油‥‥‥‥‥‥ 30g
米酒‥‥‥‥‥‥‥‥ 5g
蒜泥‥‥‥‥‥‥‥‥ 少许
胡椒粉‥‥‥‥‥‥‥ 少许
五香粉‥‥‥‥‥‥‥ 少许
盐‥‥‥‥‥‥‥‥‥ 适量

▼ 粉皮

烘焙杏仁粉‥‥‥‥‥ 50g
芝士粉‥‥‥‥‥‥‥ 5g
盐‥‥‥‥‥‥‥‥‥ 适量
黑胡椒粉‥‥‥‥‥‥ 适量

超市采买攻略

猪梅花肉

做法

① 腌料混合均匀，将肉片放入抓腌均匀，冷藏半小时。

Tip 若使用里脊肉，须先拍薄断筋，肉质才会软嫩。

② 粉皮材料搅拌均匀后，将步骤①腌好的肉片均匀压按上粉，待全部肉片裹粉后静置回潮，再压按上粉一次，避免煎炸时酥炸外皮掉落。

③ 起油锅，以中火加热，出现油纹时用筷子蘸取一点裹肉粉测试，待周围冒出许多气泡时即可放入肉片。

Tip 用油炸或煎的方式皆可，我是用油量淹过肉片 1/2 的方式煎，剩下的油刚好可以炒一盘菜。

④ 肉片放入后不要移动，直到侧边粉皮呈现金黄色再翻面。

Tip 太频繁翻动肉片容易掉粉哦！

⑤ 煎好的肉片先放置一旁，等全部煎好，转大火略煎一下，使得酥皮更脆，香喷喷的传统炸排骨即可上桌！

净碳水化合物 22.1 g

脂肪	热量	膳食纤维	蛋白质
48.9 g	668 kcal	6.8 g	29.9 g

泡菜猪五花炒菜花

使用菜花末取代米饭，好吃、健康、无负担，还能增加膳食纤维。搭配韩国泡菜，爽辣开胃，加上芝士，滋味更是绝配。

材料

菜花	250g
猪五花肉片	100g
无糖韩国泡菜	80g
莴苣	50g
洋葱	40g
甜椒	30g
大蒜	15g
小葱	25g
鸡蛋	1 个

调味料

橄榄油	10mL
无糖酱油	5mL
盐	1.5g
辣椒粉	3g
黑胡椒粉	1g
芝士粉	10g

做法

1. 将猪五花肉片、莴苣和泡菜切适口大小，菜花剁碎，洋葱、甜椒切丝，大蒜、小葱切末。
2. 起油锅，用中小火将五花肉片稍微煸过，加入蒜末、洋葱炒香。
3. 放入菜花碎、韩国泡菜，拌炒均匀。
4. 打入鸡蛋炒散，加入盐、辣椒粉、黑胡椒粉调味。
5. 加入莴苣、甜椒拌匀炒熟后，撒上葱花与芝士粉，起锅盛盘。

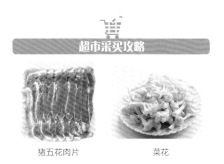

超市采买攻略

猪五花肉片　　　　　菜花

净碳水化合物
5.6 g

脂肪	热量	膳食纤维	蛋白质
207.4 g	2262 kcal	0.4 g	89.7 g

日式叉烧

先煎后炖煮的做法，可以让日式叉烧软嫩不油腻，好吃得让人一片接一片停不下来，这是道老少皆宜的料理。

材料

猪五花肉······ 600g
小葱·········· 25g
姜·········· 2 片
牛油果油····· 10mL

▼ 酱汁

料酒········· 15mL
无糖酱油····· 50mL
开水········ 150mL
赤藓糖醇········ 5g
白胡椒粉········ 适量

超市采买攻略

猪五花肉

做法

① 用保鲜膜将猪五花卷成圆柱状加以固定，放入冰箱冷冻半小时以上，帮助定形。

② 取出五花肉，拆开保鲜膜，用棉绳绕圈捆绑以固定形状。

③ 起油锅，将五花肉放入平底锅，用中小火将五花肉煎至表面呈金黄色。

④ 将步骤 ③ 煎好的五花肉、所有食材及调味料放入电饭煲内，加入 2 杯水蒸煮。

 此酱汁也可用来浸泡制作溏心蛋。

⑤ 电饭煲跳起后，再焖 30 分钟，冷却后以密封容器盛装，放入冰箱冷藏一夜。

 尽量使用比较小的电饭煲，让酱汁淹过五花肉，如果无法完全淹过，中途需翻面才能均匀上色。

⑥ 隔日取出五花肉，取下棉绳，切片即可直接享用。

碳水化合物	脂肪	热量	膳食纤维	蛋白质
4.2 g	39.8 g	448 kcal	4.3 g	28.9 g

低糖叉烧拉面

　　利用西葫芦制作成西葫芦面，代替一般面条，美味不减，口感佳，营养丰富，让日式叉烧面也能大方端上低糖餐桌。

材 料

西葫芦	250g
叉烧	100g
上海青 [①]	70g
玉米笋	30g
溏心蛋	1 个
海苔	适量
高汤	700g

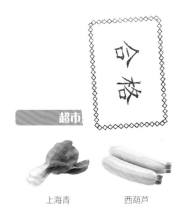

上海青　　　西葫芦

做 法

　　利用蔬果刨丝刀将西葫芦削成细长条，做成西葫芦面。

　　将西葫芦面放入沸水中烫 1 分钟后捞起沥干。

　　将上海青、玉米笋烫熟，高汤加热备用。

　　将西葫芦面、上海青、玉米笋、叉烧肉摆放于汤碗中，加入适量高汤与少许叉烧酱汁，最后再放上对切溏心蛋与海苔。

---

① 上海青是青菜的一种，叶片呈椭圆形，叶柄肥厚，青绿色，株型束腰，美观整齐，纤维细，味甜口感好。

净碳水化合物	脂肪	热量	膳食纤维	蛋白质
23.2 g	38.3 g	791 kcal	86.7 g	46.2 g

低糖油饭

　　菜花除了能制作成好吃的炒饭外，还能料理成美味的无淀粉油饭。和一般油饭相似程度极高的低糖油饭，绝对能让你安心地大口享用。

材料

鹅油葱酥	20g
牛油果油	10mL
虾	10g
干香菇	20g
猪肉丝	150g
菜花	300g
洋车前子壳粉	80g

▼ 调味料

无糖酱油	30g
黑胡椒粉	少许
五香粉	少许
姜丝	少许
料酒	10g

做 法

1. 香菇泡发后沥干切丝备用，香菇水留着。
2. 将所有调味料混合均匀，将猪肉丝加入调味料搅拌均匀腌渍一会儿。
3. 在锅中放入鹅油葱酥、牛油果油，再放入泡发好的香菇、虾爆香。
4. 加入步骤 2 腌渍好的猪肉丝，与腌料拌炒后，加入菜花翻炒上色。
5. 加入洋车前子壳粉快速拌匀，再倒入约 40mL 的香菇水，炒至稍微收干即可。

Tip 洋车前子壳粉易结块，需均匀分散撒入并快速拌匀。

超市采买攻略

猪肉丝　　　　　　菜花

净膳水化合物	脂肪	热量	膳食纤维	蛋白质
16.1 g	57 g	838 kcal	4.7 g	59.8 g

味噌烤猪梅花佐生菜

吃腻中式味道时，可试试这道具有异国风味的肉类料理。这款菜制作轻松简单，无油烟，适合全家人共享美味。

材 料

猪梅花肉 · · · · · · · ·	280g
生菜 · · · · · · · · · ·	150g

腌料

味噌 · · · · · · · · · ·	50g
酱油 · · · · · · · · · ·	20mL
橄榄油 · · · · · · · · ·	15mL
料酒 · · · · · · · · · ·	10mL
苹果泥 · · · · · · · · ·	20mL

做 法

- 将猪梅花肉洗净擦干，均匀抹上调和好的腌料，冷藏静置 1 小时。
- 烤箱预热，将猪梅花肉以 180℃烘烤 15 分钟后，翻面再烤 10 ~ 15 分钟。

 猪肉也可擦掉腌料后用平底锅干煎。

- 取出静置冷却后切片，搭配生菜享用。

超市采买攻略

猪梅花肉

净碳水化合物	脂肪	热量	膳食纤维	蛋白质
15.4 g	63.6 g	821 kcal	8.6 g	41.6 g

苦茶油野菇松阪温沙拉

想吃沙拉又不想吃生冷食材时，来一盘温沙拉，上演一场味觉、视觉盛宴。这款沙拉不管作为早餐或午晚餐，都很适合。

材料

松阪猪肉·········	150g
大蒜··········	3 瓣
小番茄·········	30g
蟹味菇·········	30g
白玉菇·········	30g
玉米笋·········	30g
西兰花·········	50g
牛油果·········	半个
九层塔·········	适量
苦茶油·········	20mL

调味料

海盐··········	适量
巴萨米克醋······	10mL
黑胡椒粉·········	适量
芝士粉··········	20g

做法

1. 大蒜切片，牛油果切适口大小，小番茄对切。
2. 用中小火加热锅，用苦茶油将松阪猪肉煎熟，切片备用。
3. 将蟹味菇、白玉菇、玉米笋、西兰花、蒜片炒熟备用。
4. 取一沙拉盘，放入步骤 3 炒好的蔬菜，摆上松阪猪肉、牛油果、小番茄。
5. 撒上九层塔，加入所有调味料即可。

超市采买攻略

牛油果　　　　　松阪猪肉

Beef

Part 5 牛肉料理

Recipes

净碳水化合物

	脂肪	热量	膳食纤维	蛋白质
16.4 g	68.7 g	842 kcal	4.2 g	36.2 g

（每一份）

花生巧克力牛肉堡

　　巧克力与花生酱较常出现在甜点类食物中，不过无糖花生酱与 90% 巧克力其实可甜可咸，拿来当作牛肉堡的馅料，美味且毫无违合感。

材料

生菜	80g
洋葱	40g
番茄	1 片
芝士片	1 片
橄榄油	10mL
无盐奶油	10mL

▼ 汉堡排

牛肉馅	300g
鸡蛋	1 个
盐	适量
黑胡椒粉	适量

▼ 酱料

无糖花生酱	30g
90% 巧克力	20g

超市采买攻略

番茄

牛肉馅

做法

❶ 生菜洗净沥干，取出完整叶片交叠备用。

❷ 将一半分量的洋葱切末，剩下的则切成圈状备用。

❸ 锅内放入橄榄油、无盐奶油，用中小火将洋葱末炒软，盛起放凉备用。

❹ 将牛肉馅、鸡蛋、盐、黑胡椒粉与炒软的洋葱末搅拌均匀，搅打至产生黏性，塑形成汉堡排。

❺ 用中小火将汉堡排煎熟盛起，放上芝士片、巧克力、无糖花生酱。

 可利用汉堡排刚煎好的热度融化巧克力和芝士。

❻ 将食材依序层层堆叠：生菜、步骤 ❺ 制作完成的汉堡排、洋葱片、番茄片、生菜，组装完成即可享用。

净碳水化合物

	脂肪	热量	膳食纤维	蛋白质
14.7 g	26.4 g	402.9 kcal	4 g	25.3 g

牛肉蔬菜炒饼

　　听说炒饼是以前的妈妈们勤俭持家发挥的创意。她们利用吃不完的饼皮，加上新的食材，做成美味菜肴。低糖万用饼皮有着 Q 弹的口感，可以取代含有大量热能的传统面条。

材料

低糖万用饼皮	2 片
牛肉丝	100g
蒜片	10g
洋葱丝	50g
胡萝卜丝	50g
黑木耳	50g
圆白菜	180g

▼ 调味料

酱油	10mL
盐	适量
白胡椒粉	适量
橄榄油	15mL

超市采买攻略

牛肉丝

做 法

❶ 将低糖饼皮切成条备用。

❷ 将圆白菜、洋葱、胡萝卜、黑木耳洗净，切成丝。

❸ 起油锅，用中小火先爆香蒜片，放入胡萝卜丝与洋葱丝拌炒，再放入牛肉、黑木耳拌炒至熟。

❹ 放入圆白菜炒软，最后加入饼皮，翻炒并加入调味料即可。

和一般炒面的做法不同，此道牛肉蔬菜炒饼不需要额外添加水分，不然低糖饼皮会太过软烂。

净碳水化合物	脂肪	热量	膳食纤维	蛋白质
13.2 g	157.8 g	1846 kcal	4.5 g	95.3 g

瑞典牛肉丸

这款牛肉丸能颠覆你对肉丸子的传统印象，寻常的食材搭配，将清新与浓郁的矛盾，在嘴里巧妙融合，风味竟然可以这么迷人！

材料

▼ 材料 A

牛肉馅· · · · · · · · ·	300g
猪肉馅· · · · · · · · ·	150g
洋葱末· · · · · · · · ·	100g
烘焙杏仁粉· · · · · · ·	30g
蒜末 · · · · · · · · · ·	10g
动物性鲜奶油· · · ·	40mL
胡椒粉· · · · · · · · ·	适量
五香粉· · · · · · · · ·	适量
盐· · · · · · · · · · ·	适量

▼ 材料 B

无盐奶油· · · · · · · ·	30g
动物性鲜奶油· · · ·	70mL
高汤 · · · · · · · · ·	150mL
黄芥末酱 · · · · · · ·	10mL
酱油 · · · · · · · · · ·	10mL
洋车前子壳粉· · · · · ·	5g

做法

❶ 将材料 A 全部放入搅拌机中混合均匀，搅打至有黏性，取出并塑形成小颗肉丸子。

❷ 起油锅（材料分量外），以中小火煎熟肉丸子，盛盘备用。

❸ 将材料 B 调和均匀，放入锅中加热，再放入肉丸子，使其均匀裹上酱汁，待酱汁稍微收干，变得浓稠即可盛盘。

超市采买攻略

猪肉馅

牛肉馅

净碳水化合物 70.6 g | 脂肪 196.3 g | 热量 2833 kcal | 膳食纤维 8.2 g | 蛋白质 194.2 g

红酒牛肉咖喱

酷热的夏季、渐凉的秋分、冷冽的冬日、和煦的春天，一年四季都很适合品尝这道浓郁的异国风牛肉咖喱。

材料

牛肋条	1kg
洋葱	600g
胡萝卜	250g
苹果	100g
大蒜	3 瓣
咖喱粉	40g
红辣椒粉	10g
五香粉	10g
盐	适量
黑胡椒粉	5g
高汤或水	800mL
红酒	200mL
巴萨米克醋	10mL
意式香料	5g
橄榄油	10mL
无盐奶油	30g
开水	300mL

超市采买攻略

牛肋条

做 法

❶ 牛肋条擦干切大块，加入盐、黑胡椒粉稍微腌渍一下。

❷ 大蒜切片，洋葱切丝，胡萝卜切块，苹果磨成泥备用。

❸ 在铁锅中加入橄榄油，放入洋葱丝拌炒，加入少许盐帮助软化，再将 300mL 的开水分成五次加入并拌炒，避免洋葱丝烧焦。

❹ 加入蒜片、红辣椒粉、咖喱粉、五香粉炒香后，加入高汤以小火炖煮。

❺ 另起一油锅，将牛肋块煎至焦香，再加入胡萝卜大略拌炒一下，倒入红酒，以小火炖煮约 15 分钟后，把食材全部放入洋葱咖喱锅，加入苹果泥、巴萨米克醋、意式香料，盖上锅盖，以小火炖煮 1.5 小时。

Tip 加入巴萨米克醋、苹果泥可让肉质软化，汤头鲜甜。

❻ 熄火后放入奶油搅拌均匀即可。静置 2 小时以上，让肉入味会更好吃。

净碳水化合物 10 g

脂肪	热量	膳食纤维	蛋白质
29 g	474 kcal	8.9 g	40.6 g

香根滑蛋牛肉粥

如果你是香菜爱好者，那你可以尽情地将香菜加入这道料理中，增添其风味。如果无法接受香菜特殊的香气，也可以用芹菜末或是葱花代替。

材料

火锅牛肉片 · · · · · · 100g
菜花 · · · · · · · · · 200g
小葱 · · · · · · · · · · 25g
香菜 · · · · · · · · · · 20g
胡萝卜 · · · · · · · · · 30g
蟹味菇 · · · · · · · · · 30g
银耳 · · · · · · · · · · 25g
开水 · · · · · · · · · 100mL
高汤 · · · · · · · · · 500mL
鸡蛋 · · · · · · · · · · 2 个
姜末 · · · · · · · · · · 少许

▼ 腌料
酱油 · · · · · · · · · 10mL
白胡椒粉 · · · · · · · · 适量

▼ 调味料
白胡椒粉 · · · · · · · · 适量
盐 · · · · · · · · · · · 适量

做法

❶ 牛肉片切成适口大小，加入腌料抓匀备用。

❷ 小葱切末，香菜去叶切末，胡萝卜切片，蟹味菇撕开备用。

❸ 将银耳、水加入榨汁机中打碎后，倒入汤锅与高汤一同煮沸。

❹ 放入菜花、胡萝卜、1/3 的香菜末及姜末一起熬煮。

❺ 待汤汁稍微变黏稠时，放入蟹味菇、牛肉片，煮熟后加入白胡椒粉、盐调味。

❻ 放入全部的香菜末与葱花，搅拌均匀，倒入打散的蛋液即可。

蛋液下锅后静置一下再搅拌，成品会更加漂亮。

超市采买攻略

火锅牛肉片

菜花

净碳水化合物	脂肪	热量	膳食纤维	蛋白质
8.8 g	59.1 g	807 kcal	2.8 g	56.6 g

牛肉麻婆豆腐

在这款豆腐中，香辛料的存在感与鸡蛋豆腐的柔嫩滑顺，形成了一种绝佳的平衡。如果怕辣，可以搭配菜花粒，或用生菜包裹食用，中和辛辣感。

材 料

日本豆腐	250g
牛肉馅	200g
小葱	50g
姜	5g
大蒜	20g
辣椒	5g
花椒粒	适量
橄榄油	10mL

▼ 调味料

料酒	10mL
辣豆瓣酱	1 大匙
酱油	15mL
辣椒油	10mL
开水	100mL

超市采买攻略

牛肉馅　　　日本豆腐

做 法

❶ 将辣椒、大蒜、姜及小葱切末，日本豆腐切小块，花椒粒压碎。

 Tip 鸡蛋豆腐可买市售产品，或是自制。

❷ 起油锅，以中小火拌炒牛肉馅至半熟，加入葱白、蒜末、辣椒、花椒、姜末拌炒。

❸ 炝入料酒后，加入辣豆瓣酱、酱油翻炒。

 Tip 料酒也可以用米酒代替。

❹ 倒入开水、辣椒油与日本豆腐后轻柔拌匀，盖上锅盖焖 3 分钟。

❺ 撒上葱叶末盛盘享用。

净碳水化合物	脂肪	热量	膳食纤维	蛋白质
79.2 g	110 g	1850 kcal	28.4 g	125.7 g

红烧牛肉

这道料理添加了多种根茎蔬菜，让汤头产生滑顺甜味，与牛肋条的丰富油脂十分契合。

材 料

牛肋条	600g
胡萝卜	250g
白萝卜	600g
小葱	75g
料酒	20mL
卤味包	1 包
橄榄油	20mL
开水	1000 ~ 1200mL

▼ 调味料 A

姜	5 片，25g
辣椒	5g
大蒜	30g
洋葱	150g

▼ 调味料 B

辣豆瓣酱	20mL
番茄酱	20mL
酱油	50mL
五香粉	适量

做 法

❶ 将牛肋条洗净去杂质，切成大块，以热水汆烫后捞起沥干备用。

❷ 将胡萝卜、白萝卜切块，小葱切段，洋葱切块备用。

❸ 起油锅，放入牛肋条煎至表面呈金黄色，炝入料酒翻炒。

❹ 放入葱白与调味料 A 炒香后，再加入调味料 B 继续拌炒。

❺ 放入胡萝卜、白萝卜略炒上色，加入适量开水、卤味包，加盖炖煮。用小火炖煮约 1 小时至肉软，撒上葱叶即可。

超市采买攻略

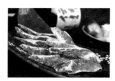

牛肋条

卤味包

净碳水化合物	脂肪	热量	膳食纤维	蛋白质
17.9 g	18.6 g	373 kcal	10.8 g	33.3 g

红烧牛肉面

　　牛肉面是经典小吃之一，每家都有各自的经典秘方与独特滋味。我们以西葫芦面替代传统面条，让家常牛肉面也可以大方端上低糖餐桌。

材料

西葫芦·········· 500g

小白菜········· 100g

葱花·········· 20g

热水·········· 适量

红烧牛肉········ 1份

做法

❶ 小白菜洗净切段。

❷ 利用蔬果刨丝刀将西葫芦削成细长条，做成西葫芦面。

❸ 煮一锅热水，将西葫芦面快速烫一下，约10秒后捞起。将小白菜烫熟。

❹ 将西葫芦面放入汤碗，舀入红烧牛肉，加入适量热水稀释，摆上小白菜，撒上葱花即完成。

净碳水化合物	脂肪	热量	膳食纤维	蛋白质
1 g	4.7 g	72 kcal	0 g	6.7 g

云朵蛋

材料

鸡蛋 ············· 1 个

做法

❶ 将烤箱 180℃预热。将蛋白、蛋黄分开。

❷ 将蛋白用电动打蛋器打至硬性发泡（直挺不滴落）后，在烘焙纸上堆成团状。

❸ 用汤匙背面在蛋白团中央压一个凹槽，放入烤箱烤 5 分钟。

❹ 取出烤蛋白，将蛋黄放入凹槽，再烤 3 分钟即可。

净碳水化合物

	脂肪	热量	膳食纤维	蛋白质
4.2 g	48.9 g	557.7 kcal	2.3 g	24.7 g

（每一份）

云朵蛋汉堡排

以云朵、植物、大地的童趣构思，制作出一份有颜值又有质量的减糖餐点，让餐桌成为食物艺术展演空间。

材料

橄榄油· · · · · · · · · ·	适量
云朵蛋· · · · · · · · · ·	1 个
小黄瓜· · · · · · · · · ·	150g
牛梅花肉片· · · · · ·	200g
猪五花肉片· · · · · ·	100g
洋葱· · · · · · · · · · ·	50g
大蒜· · · · · · · · · · ·	8g
鸡蛋· · · · · · · · · · ·	1 个
芝士粉· · · · · · · · · ·	5g
盐· · · · · · · · · · · ·	1g

做法

❶ 将牛梅花肉片、猪五花肉片、洋葱、大蒜、鸡蛋、芝士粉、盐放入绞肉机中，绞打至有黏性。

❷ 将绞打好的肉馅取出，分成三等分，用手捏成圆形，稍微摔打，塑形成汉堡排。剩余的两个汉堡排如不食用，可密封冷藏或冷冻保存。

❸ 起油锅，放入汉堡排，将中央按压一个小凹痕，避免中间没熟，煎的过程会稍微膨胀恢复饱满。一面煎上色后再翻面，将两面煎熟呈金黄色。

 煎的时候不要用锅铲重压，避免肉汁流失，降低美味。

❹ 将小黄瓜横向刨成片，与汉堡排、云朵蛋堆叠起来即完成。

超市采买攻略

牛梅花肉片　　　　猪五花肉片

净碳水化合物	脂肪	热量	膳食纤维	蛋白质
29.1 g	190.3 g	2212 kcal	12.8 g	96.4 g

青酱牛肉千层面

　　肉酱千层面的层层堆叠，造就了多重口感与丰富的滋味。这款千层面利用原型食物取代精致面食，健康加分无负担。

材料

牛肉馅·········· 200g

茄子············ 300g

洋葱············ 50g

口蘑············ 140g

自制青酱········· 100g

动物性鲜奶油····· 50mL

莫扎瑞拉芝士····· 100g

披萨芝士········· 100g

橄榄油·········· 少许

做法

❶ 茄子横切成薄片状，微波加热 1 分钟备用。

 Tip 茄子可以用西葫芦或小黄瓜代替，不需先微波加热。

❷ 将洋葱、口蘑切末，莫扎瑞拉芝士切片。

❸ 起油锅，放入牛肉馅、洋葱及口蘑一起拌炒至颜色变深。

❹ 加入鲜奶油、青酱，继续将肉末翻炒均匀盛起备用。烤箱 200℃ 预热。

❺ 取一烤盘，在四周与底部刷上一层油，底部先铺满茄子片，再铺一层肉酱，最后铺上莫扎瑞拉芝士跟少许披萨芝士，重复动作至铺满食材，表面再铺上厚厚的披萨芝士。

超市采买攻略

牛肉馅　　　　　　茄子

❻ 放入烤箱，以 200℃ 烘烤 20 分钟即可出炉。

	脂肪	热量	膳食纤维	蛋白质
4.8 g	81.1 g	903 kcal	2.7 g	36.5 g

碳水化合物

泡菜牛肉炒野菇

如果在市面上买不到无糖泡菜，也可以用普通的泡菜！

材料

无糖韩国泡菜····· 100g

牛五花肉片 ····· 200g

白玉菇········· 50g

甜椒 ········· 30g

洋葱 ········· 30g

大蒜 ········· 10g

小葱 ········· 1 根

酱油 ········· 10mL

白胡椒粉 ········ 适量

牛油果油 ········ 20mL

做法

❶ 将牛肉片用酱油、白胡椒粉快速抓腌一下。

❷ 将甜椒、洋葱切丝，大蒜切片，小葱切段，白玉菇撕开来备用。

❸ 起油锅，用中小火爆香葱白、蒜片、洋葱后，再放入步骤 ❶ 腌好的肉片。

❹ 当肉片炒至半熟时，放入白玉菇、泡菜，翻拌均匀。

❺ 最后再加入甜椒、葱叶拌炒一下即可起锅。

超市采买攻略

牛五花肉片　　　洋葱

Seafood

Part 6　海鲜料理

Recipes

净碳水化合物	脂肪	热量	膳食纤维	蛋白质
6.3 g	41.5 g	517 kcal	2.9 g	28.2 g

金枪鱼大阪烧

大阪烧是日本平民美食，以蔬菜、鸡蛋、面糊，再搭配上个人喜爱的配料制成，我们将它改成低糖版本就能大快朵颐了。

材料

牛油果油	10mL
金枪鱼罐头	75g
圆白菜	50g
胡萝卜	10g
洋葱	10g
鸡蛋	1个
烘焙杏仁粉	20g
洋车前子壳粉	2g
盐	1g

▼ 装饰

无糖酱油	15g
无糖美乃滋	20g
（可用沙拉酱代替）	
海苔丝	适量
柴鱼片	适量

做法

❶ 将烘焙杏仁粉、洋车前子壳粉、盐搅拌混合均匀。

❷ 将圆白菜、胡萝卜、洋葱洗净切成丝，再加入牛油果油、金枪鱼、鸡蛋搅拌均匀。

❸ 将步骤❶、❷的材料混合均匀。

❹ 平底锅热油（材料分量外），倒入步骤❸混合而成的粉浆，用中小火慢慢煎熟并用锅铲塑形，定形后翻面再煎至上色熟透即可盛盘。

❺ 在表面装饰美乃滋、酱油、海苔丝及柴鱼片即可。

超市采买攻略

胡萝卜　　　　金枪鱼罐头

净碳水化合物	脂肪	热量	膳食纤维	蛋白质
3.2 g	27.1 g	432 kcal	1.3 g	40.6 g

姜黄鲜虾饼

姜黄除了可以给食物增色外，也有促进代谢的食疗效果。善用绞肉机，可以快速切碎食物，使食材充分融合拌匀并产生黏性。如果手边没有绞肉机也无妨，可将食材用菜刀剁碎后，再以同方向快速搅拌均匀至产生黏性。

材料

猪肉馅	150g
虾仁	100g
胡萝卜丁	30g
洋葱	10g
姜	1片
小葱	5g

▼ 调味料

姜黄粉	0.5g
盐	1.5g
白胡椒粉	1g
无糖酱油	5mL
牛油果油	5mL

超市采买攻略

猪肉馅　　　　虾仁

做法

❶ 取出 1/4 的虾仁切丁备用，其余虾仁连同全部食材与调味料都放入绞肉机中。

❷ 启动绞肉机，将食材切碎并充分融合至产生些微黏性。

❸ 取出虾肉泥，加入步骤 ❶ 预留的虾仁丁，用汤匙稍微混合均匀增加口感。

❹ 起油锅（材料分量外），用汤匙挖 50g 虾肉泥放入，利用锅铲轻轻下压成稍扁的形状，用中小火慢慢煎至上色定形后可翻面。

❺ 翻面后继续煎至全熟，微微焦黄即可盛盘。

净碳水化合物
17.6 g

脂肪	热量	膳食纤维	蛋白质
43.6 g	613.4 kcal	7.1 g	36.5 g

金枪鱼牛油果沙拉

这道料理可作为快速早餐、餐与餐之间的点心，作为宴客前菜、冷盘也很适合。牛油果可先拌过柠檬汁，防止氧化变色。不喜欢沙拉水分太多的话，可以剔除番茄籽。

材料

牛油果·········· 165g

洋葱·········· 50g

大蒜·········· 5g

番茄·········· 50g

金枪鱼罐头······ 150g

水煮蛋·········· 1个

盐·········· 适量

黑胡椒粉········ 少许

无糖美乃滋······ 30g

（可用沙拉酱代替）

做法

❶ 牛油果去籽去皮后切适口大小，金枪鱼罐头沥干备用。

❷ 大蒜、洋葱切末，水煮蛋、番茄切成适口大小。

❸ 将所有材料混合均匀就完成了。

超市采买攻略

水煮蛋　　　牛油果

净碳水化合物	脂肪	热量	膳食纤维	蛋白质
11.3g	28.4 g	428 kcal	3.7 g	29.9 g

鲜鱿鱼圆白菜沙拉

夏天没胃口，或是不想在厨房挥汗做菜时，这道快速简单的海鲜料理，可以让你毫不费力地享用美味餐点。

材料

圆白菜·········· 150g

番茄·········· 80g

鲜鱿鱼·········· 180g

▼ 酱料

无糖美乃滋······· 30g

（可用沙拉酱代替）

辣豆瓣酱······· 2大匙

黑胡椒粉········· 适量

盐··············· 1g

橄榄油·········· 5mL

做法

❶ 圆白菜切丝，用少许盐抓腌均匀，微波加热3分钟左右取出沥干水分。

❷ 将鲜鱿鱼快速烫熟切段，番茄切成适口大小。

 可将鱿鱼自行更换成章鱼脚、小乌贼等海鲜。

❸ 把全部酱料混合均匀，与鲜鱿鱼混合搅拌。

❹ 在盘子上摆上圆白菜丝、鲜鱿鱼、番茄即可。

超市采买攻略

鲜鱿鱼

净碳水化合物	脂肪	热量	膳食纤维	蛋白质
14.4 g	26.2 g	434 kcal	6.7 g	38 g

蒜味海鲜西葫芦面

很多人乍看这道料理，以为是真的意大利面呢！其实是将西葫芦刨削成长条，制作出与海鲜面相近的卖相与口感。如果买不到西葫芦，也可以小黄瓜替代。

材 料

大蒜	25g
虾仁	6 个
蛤蜊	10 个
西葫芦	500g
红辣椒	5g
橄榄油	20mL
盐	适量
黑胡椒粉	适量
芝士粉	15g

做 法

① 蛤蜊放入盐水（材料分量外）中吐沙，红辣椒切圈备用。

② 利用蔬果刨丝刀将西葫芦削成细长条，做成西葫芦面。

③ 用餐巾纸吸干虾仁水分，入油锅煎至双面约八分熟盛起备用。

④ 大蒜切片，放入橄榄油锅中，用低温小火煸香，放入西葫芦面下油锅拌炒，再加入蛤蜊，待蛤蜊打开，加盐、黑胡椒粉调味。

⑤ 待西葫芦稍微软化后，放入虾仁、红辣椒，煮至喜爱的熟度盛盘。

⑥ 撒上芝士粉，即可享用。

超市采买攻略

虾仁　　　　西葫芦

碳水化合物 11.1 g | 脂肪 2.2 g | 热量 195 kcal | 膳食纤维 3.1 g | 蛋白质 30.6 g

酸辣海鲜沙拉

酸辣开胃的菜肴总能唤醒味蕾。在炎热的夏日里，来一盘新鲜又亮眼的沙拉，可以让人食欲大开，更有好心情。

材料

鲜鱿鱼	180g
虾仁	50g
洋葱	40g
柠檬	1 个
生菜	50g
小番茄	5 个
姜	2 片

▼ 酱料

大蒜	1 瓣
红辣椒	1 个
苹果醋	15mL
赤藓糖醇	5mL

超市采买攻略

鲜鱿鱼

做法

❶ 煮一锅水，放入姜片、鲜鱿鱼、虾仁，烫约 4 分钟，捞起切成适口大小备用。

Tip 如果鲜鱿鱼和虾仁较小，需缩短烫熟时间，以免影响口感。

❷ 洋葱切丝，大蒜切末，红辣椒切圈，小番茄对切一半。

Tip 洋葱泡冰水 5 分钟，可去除辛辣味。

❸ 柠檬对切，其中半个切片备用。

❹ 将大蒜末、红辣椒圈、苹果醋、赤藓糖醇调和均匀。

❺ 将生菜、洋葱丝、海鲜摆放到盘子上，淋上步骤 ❹ 调匀的酱料，取半个柠檬挤汁调味。

❻ 放上小番茄、柠檬片，即可享用。

净碳水化合物	脂肪	热量	膳食纤维	蛋白质
6.5 g	57.6 g	638 kcal	5 g	21.8 g

照烧鲭鱼饭

鲭鱼除了煎、烤以外，换个吃法，以照烧的方式料理，也很开胃。用菜花代替米饭，就是一道美味的咸香低糖盖浇饭。

材料

鲭鱼片	150g
橄榄油	10mL
姜丝	10g
菜花	200g
西兰花	2 朵
玉米笋	20g
无糖酱油	20mL
清酒	10mL
赤藓糖醇	3g
开水	20mL

做法

❶ 将酱油、清酒、赤藓糖醇加开水调匀备用。

❷ 将鲭鱼片斜切刀痕后，放入油锅，撒上姜丝，淋上酱汁，煮沸后再用小火炖 15 分钟，可适时翻面或舀起汤汁淋在鱼肉上。

❸ 将菜花炒或蒸熟，西兰花、玉米笋烫熟。

❹ 将菜花饭、照烧鲭鱼、西兰花、玉米笋盛盘即可。

超市采买攻略

鲭鱼片　　　　　　　　菜花

净碳水化合物	脂肪	热量	膳食纤维	蛋白质
15.5 g	12.1 g	393 kcal	3.7 g	53.4 g

三文鱼野菇海带味噌汤

　　三文鱼的蛋白质与优质脂肪，搭配蛤蜊与海带的微量元素，加上洋葱与蘑菇的膳食纤维，再佐以味噌的丰富营养和酵素，成就了一锅做法简单但营养不简单的好汤。

材料

蘑菇类	100g
三文鱼	180g
蛤蜊	8 个
海带芽	10g
洋葱	50g
姜	2 片
无糖酱油	10mL
料酒	5mL
盐	适量
葱花	适量
味噌	15g
开水	500mL

做 法

❶ 洋葱切丝，蘑菇剥散，三文鱼切适口大小。

❷ 将蘑菇、海带芽、洋葱丝、姜片、酱油、料酒、盐放入锅中，煮沸，再转成中火。

❸ 放入蛤蜊、三文鱼，盖上锅盖，焖煮至蛤蜊开口。

❹ 熄火，将味噌加上冷开水拌匀，充分化开后再拌入汤中。

Tip 用这种方式可避免破坏味噌酵素，也不会沉淀结块。

❺ 调整味道，撒上葱花即完成。

超市采买攻略

三文鱼丁

净碳水化合物	脂肪	热量	膳食纤维	蛋白质
12.8 g	47.5 g	610 kcal	6 g	35.8 g

牛油果青酱蒜辣鲷鱼面

辣椒、牛油果、青酱，混合在一起，迸发出属于大人的火花，入口的绝妙滋味令人惊艳。除了使用鲷鱼，也可改用鲈鱼片，同样美味。

材料

无刺鲷鱼·········· 150g
西葫芦·········· 250g
牛油果·········· 80g
大蒜············ 5g
辣椒············ 5g
小番茄········· 40g
橄榄油········· 30mL
青酱··········· 20mL
盐············ 适量
开水········· 约30mL

鲷鱼片

做 法

❶ 用刨丝刀将西葫芦削成细长条，做成西葫芦面。

❷ 牛油果切适口大小，大蒜切片，辣椒切末，小番茄对切。

❸ 起油锅，用中小火将鲷鱼两面煎熟，至表面呈金黄色，盛起备用。

 Tip 煎鱼的时候不要太频繁地翻面，避免鱼肉破碎。

❹ 锅内放入橄榄油，蒜片爆香，加入辣椒快速拌炒。

❺ 分次加入少量开水，搅拌一下让油汤乳化。

❻ 放入西葫芦面与青酱拌匀。

❼ 加入牛油果、盐混合均匀。

❽ 盛盘摆上鲷鱼，对切小番茄装饰即可。

净碳水化合物
29.2 g

脂肪	热量	膳食纤维	蛋白质
24.5 g	505 kcal	6.5 g	41.8 g

洋葱金枪鱼塔

煎得微微焦黄的金枪鱼与洋葱，是鲜味的来源。这道菜用彩色甜椒圈住美味，为家常菜添加一抹亮色。

材料

甜椒	340g
橄榄油	适量

▼ 内馅

金枪鱼罐头	150g
洋葱	50g
小葱	25g
大蒜	10g
鸡蛋	1 个
芝士粉	10mL
盐	适量
胡椒粉	适量

做法

1. 甜椒间隔 2 ~ 2.5 cm 切成圈状，将籽去除，当作固定金枪鱼内馅的塔圈。
2. 将洋葱切丁，小葱、大蒜切末。
3. 将所有内馅材料混合均匀。
4. 起油锅，放入甜椒圈，填入内馅，用中小火煎熟即可。

超市采买攻略

金枪鱼罐头

洋葱

Low-Carb

Dessert

净碳水化合物 13.7 g

	脂肪	热量	膳食纤维	蛋白质
	83.3 g	942 kcal	13.3 g	29.7 g

低糖胡萝卜杯子蛋糕

这款蛋糕的主角虽然是胡萝卜，但成品吃起来却完全没有胡萝卜味，连小朋友都很喜欢！可作为野餐、聚会、派对上的小点心，若在表面装饰上鲜奶油与巧克力，卖相与风味再升级。

材料

胡萝卜丁	100g
烘焙杏仁粉	100g
洋车前子壳粉	5g
无铝泡打粉	5g
肉桂露或肉桂粉	少许
核桃	5g
无盐奶油或橄榄油	30g
赤藓糖醇	35g
鸡蛋	1个

做法

1. 将所有材料放入榨汁机中，充分搅打混合均匀成蛋糕糊。

2. 烤箱 180℃ 预热。蛋糕模型的四周与底部抹上无盐奶油（材料分量外）。
3. 蛋糕糊填入小蛋糕烤模中，轻敲烤模，震出气泡。
4. 放入烤箱，用 180℃ 烘烤约 25 分钟。烤好后可用竹签插进蛋糕边缘，抽出如无粘黏即代表烤好了。

 如果使用的是大模具，烘烤的时间则需增加。每台烤箱配置略不同，请自行微调时间与温度。

5. 出炉后，倒扣置凉再脱模，即可享用。

净碳水化合物
6.5 g

脂肪	热量	膳食纤维	蛋白质
5.4 g	576 kcal	5.9 g	13.2 g

巧克力香料小饼干

悠闲假日的嘴馋午后，利用短短的时间就能完成这款好吃的小零食，味蕾绝对能得到满足。撒满了香料的小饼干，咸香滋味，几乎无人能抵抗。

材 料

▼ 干性材料

烘焙杏仁粉 · · · · · · 55g

赤藓糖醇 · · · · · · · · 8g

盐 · · · · · · · · · · · 少许

可可粉 · · · · · · · · 5mL

▼ 湿性材料

橄榄油 · · · · · · · · 20mL

动物性鲜奶油 · · · · 10mL

做 法

① 将干性材料搅拌均匀。

② 在干性材料盆中，加入橄榄油、鲜奶油搅拌均匀成团。

③ 将粉团分成约 10g 的小圆球再压扁，约可制作 10 片。

④ 烤箱 160℃预热，烘烤 15 分钟，视饼干软硬度再焖 5 ~ 10 分钟即可。

 把配方中的可可粉换成等量的咖啡粉，就成了咖啡小饼干；将可可粉换成等量的芝士粉，再加入适量的辣椒粉、黑胡椒粉、意大利香料，就成了咸香口味的芝士饼干。

超市采买攻略

动物性鲜奶油

净碳水化合物	脂肪	热量	膳食纤维	蛋白质
9.6 g	109.3 g	1246 kcal	13.9 g	49 g

柠檬手指饼干

没有打蛋器可用汤匙搅拌，没有挤花袋就用塑料袋替代，即使没有专业器具，也可以享受简单低糖生活。这个食谱也很适合亲子手作哦！

材料

▼ 干性材料

烘焙杏仁粉 · · · · · · 130g
赤藓糖醇 · · · · · · · · 35g
无铝泡打粉 · · · · · 1/2匙
盐 · · · · · · · · · · 1/4匙

▼ 湿性材料

融化无盐奶油 · · · · · 30g
柠檬汁 · · · · · · · · · 5mL
冷藏鸡蛋 · · · · · · · 3个

做 法

① 将干性材料搅拌混合均匀。

② 将湿性材料搅拌混合均匀。

 加入柠檬汁可以让成品吃起来口感丰富，层次鲜明，也较无蛋腥或油腻感。

③ 将干性材料倒入湿性材料盆中，搅拌混合均匀成粉糊。

④ 将粉糊填充入挤花袋，顶端剪1cm的小洞，在铺上烘焙纸的烤盘上，挤出长条形状。烘焙后饼干会膨胀，挤粉糊时需保持间距。

⑤ 烤箱预热，170℃烘烤20分钟。若要增加饼干硬度，烤好后取出冷却，再以120℃回烤5～10分钟。

净碳水化合物
15.6 g

脂肪	热量	膳食纤维	蛋白质
19.4 g	1967 kcal	4.6 g	38 g

低糖提拉米苏

除了一般常见的撒了可可粉的提拉米苏，也可以用蓝莓果酱、抹茶粉取代可可粉，创造不同美味吃法。

材料

▼ 干性材料

手指饼干········· 130g

奶油芝士········· 230g

动物性鲜奶油···· 230g

赤藓糖醇········· 35g

意式咖啡······· 250mL

无糖可可粉······· 适量

超市采买攻略

奶油芝士

动物性鲜奶油

做法

1. 煮一杯意式咖啡备用（或使用市售现成黑咖啡）。
2. 将奶油芝士放在室温下软化后搅拌至柔软、无明显颗粒。
3. 鲜奶油加入赤藓糖醇打发至有纹路、无明显流动状（像稍微融化的冰激凌状态）。

4. 将步骤 2 、 3 的材料混合拌匀至滑顺、质地均匀，制作好芝士霜。

⑤ 将手指饼干浸泡在咖啡液中，使其湿润，饼干湿润程度依个人喜好。

 咖啡液不要一次全倒入，先倒入一些，待饼干吸收后再倒入剩余部分。

⑥ 将湿润的咖啡饼干放入容器底部，铺满一层，填入一层芝士霜，再铺一层饼干，再填入一层芝士霜，放入冰箱冷藏 4 小时以上。

⑦ 食用前，利用筛网在表面撒上可可粉。也可以依据个人喜好，抹上花生酱、蓝莓酱，或是抹茶粉等。

 使用筛网过筛撒上粉材，会比较均匀好看。

料理小教室

如果希望成品更美味好吃，建议使用分蛋法制作。

做 法 ────────────

1. 将赤藓糖醇之外的干性材料混合均匀并过筛。
2. 将蛋白、蛋黄分开，蛋白不能接触到水、油。
3. 将蛋黄、无盐奶油、10g 赤藓糖醇混合，用电动搅拌器打发至泛白。
4. 蛋白打发至鱼眼泡，加入 10g 赤藓糖醇，再打发呈湿性发泡，加入剩余赤藓糖醇，打发至拉起有小弯勾。
5. 将一半的蛋白霜用刮刀放入蛋黄霜，快速轻柔地切拌均匀，避免消泡。
6. 将步骤 5 与剩下的蛋白霜快速轻柔地切拌均匀（过度搅拌会消泡）。
7. 把步骤 1 过筛的粉类均匀撒入，确保从盆底快速轻柔切拌至无干粉。
8. 将粉糊填充入挤花袋，顶端剪 1cm 的小洞，在铺上烘焙纸的烤盘上，挤出长条形状。
9. 烤箱预热，170℃烘烤 16 ~ 20 分钟。

净碳水化合物

	脂肪	热量	膳食纤维	蛋白质
4.5 g	34.7 g	385 kcal	3.6 g	12 g

（每一个）

低糖生酮蛋黄酥

　　将这个食谱配方中的内馅蛋黄去除，加入一些压碎的核桃、夏威夷豆，就能变成一款低糖小月饼哦！

材料（六个份）

▼ 油皮材料

无水奶油或软化奶油 ·· 45g
鸡蛋 ·········· 1 个
烘焙杏仁粉 ····· 150g
黄金亚麻仁籽粉 ··· 20g
赤藓糖醇 ········ 30g
盐 ············ 少许

▼ 内馅材料

咸蛋黄 ········· 6 个
料酒 ·········· 少许
椰子细粉 ········ 25g
无糖可可粉 ······ 25g
赤藓糖醇 ···· 30 ~ 40g
动物性鲜奶油 ···· 50mL

▼ 表面装饰

生蛋黄 ········· 1 个
无糖酱油 ···· 3 ~ 5mL
黑芝麻 ········· 少许

做法

❶ 将内馅材料的咸蛋黄涂上薄薄一层料酒，放入烤箱以 110℃ 烘烤 10 分钟，取出放凉。

❷ 先将油皮材料中的干粉部分搅拌均匀，再加入奶油、蛋液翻拌成团，静置备用。

超市采买攻略

动物性鲜奶油　　　无盐奶油

❸ 制作内馅。将内馅材料中的椰子细粉、可可粉、赤藓糖醇搅拌均匀，再加入动物性鲜奶油搅拌均匀。

❹ 取步骤 ❸ 的可可内馅 20g，搓圆后用保鲜膜压成薄圆片，将步骤 ❶ 烘烤的酒香咸蛋黄包入中央，利用保鲜膜收合成形，将蛋黄可可内馅揉圆备用。

❺ 取步骤 ❷ 制作的油皮，每份约为 50g，搓圆后再用保鲜膜压成中央厚、边缘薄的圆片。包入步骤 ❹ 揉圆的可可蛋黄内馅，利用保鲜膜收口成形。

塑形压按扎实，比较不会裂开。

6 蛋黄和无糖酱油搅拌混合，涂抹在蛋黄酥表面，再撒上黑芝麻。

7 烤箱 170℃ 预热，将蛋黄酥放入烤箱烘烤 15 分钟，取出静置等待稍微冷却后才可移动。

净碳水化合物	脂肪	热量	膳食纤维	蛋白质
13 g	0.4 g	63 kcal	2.4 g	0.8 g

自制蓝莓果酱

　　装填果酱的容器须先清洁干净并用热水消毒，再自然风干、保持干燥，避免让果酱碰到水或油，造成腐坏。果酱制作完成后须冷藏保存，并尽快食用完毕。

材　料

新鲜或冷冻蓝莓···　100g
赤藓糖醇·········　40g
柠檬汁·········　20mL
开水·········　10mL

做　法

① 将一半分量的蓝莓与赤藓糖醇搅拌混合，用汤匙将蓝莓压烂。

② 加入剩下的蓝莓，用小火慢慢熬煮并不时进行搅拌。

③ 待赤藓糖醇融化后，加入柠檬汁与开水，继续用小火熬煮并搅拌收汁至自己喜欢的浓稠度即可。

净碳水化合物

	脂肪	热量	膳食纤维	蛋白质
0 g	9.5 g	160 kcal	0 g	18 g

自制豆花

自制豆花做法超级简单，只要两种材料就能完成，在家就能品尝纯粹风味。夏天搭配上自己喜欢的配料，可冰冰凉凉地享用豆花；冬天搭配姜汁，暖胃也暖心。

材料

无糖豆浆·······400mL
吉利丁粉·········8g

做法

① 先将 50mL 无糖豆浆加入吉利丁粉，搅拌均匀，静置 3 分钟。

② 将 350mL 的无糖豆浆加热至微温，再与步骤 ① 加入吉利丁粉的豆浆一块混合拌匀。拌匀后可以使用筛网过滤一下，将未完全溶解的吉利丁滤除。

③ 倒入密封盒，盖上盖子或是包覆保鲜膜静置冷却，盒盖稍微打开留一个小缝隙，可避免豆花表面结皮影响口感。

④ 冷却后密封冷藏，要食用时再拿出挖取。食用时可搭配无糖豆浆或稀释的动物性鲜奶油。

Tips

1. 天气炎热时室温下容易变质，可隔冰水快速冷却后冷藏。

2. 食用时尽量以平面、片状式挖取，比较不会出水。

净碳水化合物	脂肪	热量	膳食纤维	蛋白质
17.7 g	96.9 g	1084 kcal	6.4 g	36.6 g

抹茶煎饼

这是一款用一把汤匙就能完成的免烤点心，步骤简单，轻松带来美味享受。煎饼层层堆叠摆盘，表面再装饰上鲜奶油，豪华程度不输坊间甜点店，让低糖饮食不破功。

材料

▼ 干性材料

烘焙杏仁粉 · · · · · · 60g

赤藓糖醇 · · · · · · · · 30g

抹茶粉 · · · · · · · · · 10g

无铝泡打粉 · · · · · 1 小匙

▼ 湿性材料

融化无盐奶油 · · · · · 30g

无糖花生酱 · · · · · · · 25g

动物性鲜奶油 · · · · 40mL

鸡蛋 · · · · · · · · · · · 2 个

做 法

1. 将干性材料拌匀。
2. 将湿性材料分别加入干性材料盆中，搅拌均匀。
3. 平底锅薄刷一层油（材料分量外），用小火热锅。
4. 使用汤匙舀定量粉糊入锅，耐心煎制。
5. 待表面凝结，出现粗气泡或孔洞时翻面。
6. 再煎约 3 分钟即可铲起，然后自行堆叠装饰。

超市采买攻略

动物性鲜奶油　　无盐奶油

	脂肪	热量	膳食纤维	蛋白质
净碳水化合物 34 g	104.3 g	1111 kcal	2.5 g	7.6 g

红薯冰激凌

　　不要再误会低糖饮食不能吃冰激凌和甜点了，适量摄取优质的原淀粉是可以的哦！学会这款简单又单纯的红薯冰激凌，大口安心吃吧！

材料 ————

红薯泥·········· 100g

赤藓糖醇········· 15g

动物性鲜奶油··· 300mL

做法 ————

❶ 将红薯泥、赤藓糖醇与 100mL 鲜奶油用搅拌器搅拌混合均匀。

❷ 慢慢加入剩下的 200mL 鲜奶油，搅打至均匀、浓稠。

❸ 倒入密封容器内，放入冰箱冷冻 1 小时后，取出再次拌匀。

❹ 重复步骤 ❸ 的动作，搅拌、冰冻两三次后，再冷冻 8 小时以上即可。

净碳水化合物 22.2 g

脂肪	热量	膳食纤维	蛋白质
115.2 g	1176 kcal	10.2 g	11.1 g

牛油果布丁

牛油果除了可以直接吃或者制作牛油果牛奶、沙拉之外，还可以做成营养好吃的牛油果布丁。配方中的鲜奶油也可以用无糖豆浆或杏仁露替代。

材 料

牛油果·········· 100g
动物性鲜奶油··· 300mL
赤藓糖醇········· 25g
吉利丁粉·········· 6g
开水·········· 20mL

做 法

① 牛油果去皮去籽，切成丁状。将吉利丁粉放入开水搅拌均匀。

② 将牛油果丁、100mL 的鲜奶油倒入榨汁机，搅打均匀。

③ 将剩下的 200mL 鲜奶油加热至微温，加入赤藓糖醇搅拌融解后，再加入吉利丁糊搅拌均匀。

④ 将步骤 ②、③ 材料混合，倒入耐热容器，待冷却凝固后即可食用。

 Tip 牛油果布丁冷藏过后更好吃。

超市采买攻略

动物性鲜奶油　　　牛油果

✏️ 小叮咛

查看
你想了解的食品!

常见食物营养成分含量表

五谷杂粮

| | 糖
(g) | 蛋白质
(g) | 脂肪
(g) | 维生素 | | | | | | 矿物质 | | | | 膳食
纤维
(g) | 热量
(kcal) |
				A (μg)	E (mg)	C (mg)	叶酸 (μg)	B₆ (mg)	B₁₂ (mg)	钙 (μg)	铁 (mg)	钾 (mg)	锌 (mg)		
大米	76.3	7.3	0.3		0.49	7.3	2.2	1.5	19.1	7	1.5	103	1.1	0.8	337
小米	76	9.7	3.5	12	4.1		33	0.45	68.5	29	4.7	285	3.7	1.7	374
小麦	78	12	1.5	15	0.8		7.2	0.4	18.6	16.8	2.8	133	0.7	0.2	373.5
玉米	72.2	8.5	4.3	54	2.1	9.2	17	0.35	16.7	22	1.6	244	1.5	9.8	361.5
大豆	25.3	43.2	17.5	33.2	19.2		276	0.7		367	11	1930	4.5	4.6	429.5
绿豆	58.9	22	0.7	68	15.5	3.4	121	0.7		155	6.3	1825	3.65	5	329.9
山药	14.4	1.7		2.6	0.5	8	13	0.18		16	0.8	473	0.62	0.6	64.4
莲子	61.8	16.6	2		3.9	3.8				120	4.9	2057	2.51	2.8	331.6
花生	5.2	27.6	50	5.4	3.84	9.8	70.2	0.81		7.6	3.9	674	2.33	6.8	581.2
核桃	10	13.8	59	7.6	57		87.3	0.52		72.5	2.8	467	3.52	8	626.2
葵花子	19.4	19	48.6	1.2	24		2.67	1.8		107	7.3	615	5.2	4.4	591
红薯	29.5	1.8	0.2	27	2.9	33	54	0.7		18	0.4	6.8	0.18	0.9	127
燕麦	61.8	14.2	6.4	388	3.99		20.8	0.9	56.8	177	9	324	2.93	5.1	361.6
薏米	79.2	12.3	4.55	550	2		19.7	0.22	143	45	4.53	252	1.27	1.8	406.9

注：表中数据是指每100g食物的营养成分含量。

蔬菜

	糖 (g)	蛋白质 (g)	脂肪 (g)	维生素						矿物质				膳食 纤维 (g)	热量 (kcal)
				A (μg)	E (mg)	C (mg)	叶酸 (μg)	B$_6$ (mg)	B$_{12}$ (mg)	钙 (μg)	铁 (mg)	钾 (mg)	锌 (mg)		
土豆	16.4	3.3	0.1	4.3	0.57	12	23.6	0.39		10	1	309	0.26	0.4	79.7
冬瓜	1.98	0.45		11.5	0.33	19.8	29.7	0.7	0.08	20	0.4	152	0.6	0.6	18.3
白菜	2.05	1	0.08	70	0.77	7.4	74	0.15		22	1	96	0.92	1.4	13
黑木耳	65.7	10.4	0.18	15.7	13.8	5.6	79.1	0.5	5.2	357	185	733	1.85	7	306
茄子	3	2.3	0.2	58	1.28	7.2	23	0.11		20	0.8	168	0.49	1.2	23
青椒	4.3	2.2	0.4	169	192	185	43.8	2.3		10.4	0.71	297.7	0.25	2.1	29.6
南瓜	10.3	0.6	0.1	132	0.54	5	73	0.33		13	1.1	216	0.22	0.7	44.5
丝瓜	4.1	1.4	0.15	12.3	0.37	7.4	77	0.18		26	0.7	126	0.35	0.5	23.4
南瓜	10.3	0.6	0.1	132	0.54	5	73	0.33		13	1.1	216	0.22	0.7	44.5
苦瓜	3.2	0.9	0.1	9.6	1.3	113	77	0.11		3.5	1.1	179	0.6	1.2	16.9
黄瓜	3.1	0.9	0.2	22	0.91	15	27	0.9		15	0.4	107	0.39	0.6	13.8
百合	28.1	4.1	0.2		0.9	7.8	68.2	0.35		8.1	2.3	786	3.7	5.3	131
竹笋	6.2	4	0.1	3.2	1.8	7	50	0.26		30.2	4.2	432	0.85	0.9	41.7
芹菜	1.4	1.6		7.2	1.1	29	33	0.24		91	10.3	123	0.6	0.4	12
洋葱	8	1.8		2.9	0.38	6.3	21	0.92		40	1.8	162	0.77	0.8	39
菠菜	2.8	2.1	0.2	22	1.9	39	120	0.84		22	1.4	152	0.6	1.4	21

注：表中数据是指每 100g 食物的营养成分含量。

蔬菜

	糖 (g)	蛋白质 (g)	脂肪 (g)	维生素						矿物质				膳食纤维 (g)	热量 (kcal)
				A (μg)	E (mg)	C (mg)	叶酸 (μg)	B₆ (mg)	B₁₂ (mg)	钙 (μg)	铁 (mg)	钾 (mg)	锌 (mg)		
萝卜	4.6	0.8			1.3	27	59	0.18		55	0.5	187	0.6	0.4	21.6
藕	17	0.9	0.1	2.6	0.88	22				27	6.3	450	0.56	0.48	72.5
豆芽	7	11.4	2.1	3.84	1.34	17	48.2	0.14		52	1.8	150	0.9	1	92.5
莴笋	2.3	0.6	0.1	22	0.5	3.8	131	0.12		7	2	302	0.8	0.8	12.5
空心菜	4.6	2.4	0.2	217	2.1	28	113	0.35		108	1.4	250	0.52	1.6	29.8
番茄	3.6	0.75	0.35	88.7	0.52	7.6	27.3	0.13		8	0.4	250	0.28	0.2	20.6
黄花菜	62.4	14.1	1.2	297	7.3	17	42	0.15		785	9.3	543	4.22	8.7	316.8
四季豆	5.6	2.2	0.2	92	0.96	7.38	42.6	0.08		47	3.7	183	0.71	1.8	33
胡萝卜	8.3	0.7	0.3	830	1.1	35	22	0.33		73	10.6	198	0.37	1.3	38.7
韭菜	4.1	2.4	0.5	1223	6.5	39		0.7		56	1.6	311	1.6	1.6	30.5
茭白	9.8	2.9	0.3	4.2	1.22	6	55	0.26		4	0.7	230	0.6	2.5	53.5
芋头	19.7	2.3	0.1	21.4	1.28	7.5	44.1	0.37		19	3.9	322	0.72	1.2	88.9
香菜	7.2	1.9	0.3	38.8	1.6	41	22	0.09	1.32	170	5.6	593	0.65	3.7	39.1
大蒜	8.1	0.8	0.2	55	0.99	32.7				18	1	207	0.7	1.3	37.4
大葱	4.1	1.2	0.3	17.8	0.42	10.5	60.7	0.38		15.9	1.34	194	1.76	1.7	23.9
生姜	11.7	1.4	1.4	27.1	0.34	5.07	7.62	0.24		47	7	400	0.51	2.3	66

注：表中数据是指每 100g 食物的营养成分含量。

水果

	糖 (g)	蛋白质 (g)	脂肪 (g)	维生素						矿物质				膳食 纤维 (g)	热量 (kcal)
				A (μg)	E (mg)	C (mg)	叶酸 (μg)	B₆ (mg)	B₁₂ (mg)	钙 (μg)	铁 (mg)	钾 (mg)	锌 (mg)		
苹果	14.8	0.4	0.5	99.2	1.82	6	6.07	0.09		12.7	0.63	3.1	0.13	0.3	65.3
梨	14.2	0.1	0.1	97.2	1.52	5.6	8.3	0.09		5	0.2	118	0.4	2.2	58
桃子	11.1	0.8	0.1	2.39	0.92	6	4.32	0.08		8	0.81	151	0.32	0.6	48.5
李子	8.8	0.7	0.25	23.7	0.81	5.4	43	0.06	2.95	7.6	0.73	152	0.22	0.65	40.3
柿子	14.6	0.4	0.15	21.4	1.3	4.5	21	0.11		147	0.8	157	0.13	1.6	61.4
橘子	12.1	1	0.3	63.3	1.67	42	21.9	0.06		60	1.05	138	0.29	1.7	55.1
葡萄	10.9	0.6	0.5	4.2	0.52	6.7	5.1	0.11		15	0.5	135	0.1	1.6	50.5
香蕉	23	1.3	0.2	58.2	0.28	11	20.1	0.44		8	0.3	325	0.24	0.6	99
大枣	28	2.45	0.4	2.31	0.22	437	132	0.19		71.2	2.4	261.5	1.71	2.32	125.5
芒果	6.9	0.6	0.2	1320	1.34	27.3	87	0.21		206	4.3	145	0.15	1.3	31.8
西瓜	4.2	1.3		173	0.16	3	2.87	0.12		0.6	0.17	134	0.07	0.3	22
草莓	4.9	1.3	2.1	1.83	0.51	51	99	0.19		25	1.75	182	0.23	1.4	43.7
菠萝	9	0.4	0.3	31.2		36	15.2	0.13		16.3	1.02	154	0.17	0.3	40.3
柠檬	4.9	1.1	1.2	3.6	2.08	22	37	0.19		112	1.28	201	0.93	1.4	34.8
哈密瓜	7.5	0.6	0.2	146	0.53	36.7	28.6	0.35		5.8	0.9	182	0.52	0.25	34.2
猕猴桃	13	0.9	1.5	58.8	1.26	85	39	0.37		56.1	0.9	10.3	0.44	2.1	69.1
木瓜	5.9	0.53	0.17	138	0.37	47.6	43.2	0.03		16.4	1	18.5	0.36	0.65	27.3

注：表中数据是指每100g食物的营养成分含量。

肉、蛋、水产及其他

| | 糖 (g) | 蛋白质 (g) | 脂肪 (g) | 维生素 | | | | | | 矿物质 | | | | 胆固醇 (mg) | 热量 (kcal) |
				A (μg)	E (mg)	C (mg)	叶酸 (μg)	B₆ (mg)	B₁₂ (mg)	钙 (μg)	铁 (mg)	钾 (mg)	锌 (mg)		
猪肉	3.4	20.5	5.3	14.7	0.2	1.24	0.89	0.45	0.36	8	2.3	350	2.95	69	142.3
猪肝	14.2	12.2	1.3	10479	0.78	31.5	997	0.76	53.7	13	23	321	3.97	309	117.3
牛肉	2.6	20	10.2	2.74	0.37		7.28	0.37	1.02	7	0.9	283	1.18	59	182.2
羊肉	0.1	20	7.3	10.4	0.42	2.51	2.89	0.24	3.46	10	2	230	7.23	95	146.1
鸡肉	0.3	22.3	2.3	43.1	1.77			0.46	2.37	17	2.3	346	1.6	101	111.1
鸭肉	0.34	17	12	51	0.13		1.87	0.45	0.74	6	2.87	230	1.05	107	177.4
鲤鱼	0.3	17.7	10.3	23.4	1.33		4.78	0.13	11.2	117	1.85	345	2.11	83	164.7
鲫鱼	0.1	13	1.1	33.3	0.62	1.08	13.84	0.15	5.36	54	2.5	293	3.02	124	62.3
鲍鱼	3.4	13.5	3.5	25.3	2.12	1.12	22.5	0.11	0.33	253	22.6	129	1.68	238	99.1
黄鳝	0.7	18	0.8	19.8	1.53		1.87	0.45	1.52	40.4	2.2	260	0.67	118	82.7
甲鱼	1.6	16.5	0.1	100	3	2	20	0.19	1.5	107	1.4	142	5.4	95	73.3
蟹	5.9	14	1.6	147	3.01		24.7	0.46	5.3	141	0.8	243	3.54	188	94
虾	0.1	16.4	1.3	19	0.75		25	0.33	2.2	66	1.33	220	2.78	195	77.8
海带	12.1	8	0.1	38.5	0.67		21	0.13		445	4.5	1235	0.88		81.3
牛奶	4.1	3.2	3.4	18	0.34	1.37	6.73	0.08	0.41	110	0.1	118	3.47	37	59.8
花生油	0.6		99		38.2					15	3.02	0.94	7.45		893.4
蜂蜜	74.3	0.6	2.1	46.2		4.25				30.6	0.42	21.6	0.04		318.5

注：表中数据是指每100g食物的营养成分含量。